LES VIEUX HABITS DU TEMPS

INVESTIGATION SUR LA VRAIE NATURE DU TEMPS

© 2014 Claire Wagner-Rémy
Edition : BoD - Books on Demand
12/14 rond-point des Champs Elysées
75008 Paris
Imprimé par BoD – Books on Demand, Norderstedt, Allemagne
ISBN : 9782322028467
Dépôt légal : avril 2014

Claire WAGNER-RÉMY

LES VIEUX HABITS DU TEMPS

INVESTIGATION SUR LA VRAIE NATURE DU TEMPS

Préambule

LE train avance et vous êtes assis en sens contraire du mouvement. Regardant par la fenêtre, vous voyez défiler le paysage. Un défilement bien particulier : chaque image captée apporte de nouveaux éléments, tandis que ceux vus précédemment s'amenuisent et perdent de leur précision ou disparaissent avec l'éloignement. Les objets situés en avant du train sont invisibles jusqu'à ce qu'ils passent devant votre fenêtre, et ils demeurent alors visibles ou partiellement visibles après le passage du train. Et ces objets ainsi entrés dans votre champ de vision – un pylône ou un arbre, par exemple – se déplacent d'autant plus rapidement et leur taille apparente se réduit d'autant plus sensiblement qu'ils sont plus proches de la voie ferrée, alors que ceux qui sont distants – une montagne, par exemple – semblent d'autant moins changer qu'ils sont plus éloignés. Des objets devant lesquels le train n'est pas encore passé, vous ne connaissez rien et ne savez pas quand ils vont passer devant la fenêtre, vous ne pouvez que faire des suppositions. Lorsque je pense à des événements présents, passés et futurs, il me semble qu'ils apparaissent dans ma conscience et s'installent dans ma mémoire de manière analogue à ces images captées à bord du train.

L'idée un peu naïve du train qui passe, avec les rails qui matérialisent son déplacement, les fiches horaires indiquant la fréquence des trains, les horloges qui ornent les façades des gares ou qui surplombent les quais… ce sont juste quelques images pour essayer de donner consistance à cette notion très abstraite qu'est le temps. Comme toutes les métaphores, celle-ci exprime la multitude de significations ainsi que l'ambiguïté associée à cette notion, mais elle est aussi simpliste que trompeuse. Nous demandons toutefois au lecteur d'accepter d'être porté par ce train qui le fera voyager à travers des contrées tantôt familières, tantôt exotiques, faciles ou arides, où tant d'autres nous ont précédés. Afin de tenter d'articuler entre elles des qualités et propriétés hétéroclites, mais aussi, dans la mesure de nos connaissances actuelles, de dégager, entre les fausses évidences et les idées toutes faites, des indices plus sûrs pour cerner l'objet de notre recherche.

Prologue

Un sentiment universel, omniprésent, insaisissable

Depuis la naissance, le temps semble exister dans la conscience humaine, comme un phénomène expérimenté par cette conscience et elle seule. Bien que les êtres vivants soient soumis à une « horloge biologique » ainsi qu'à des rythmes circadiens (synchronisés avec la lumière du jour) et d'autres rythmes plus longs (mensuels pour les femmes, annuels pour les animaux hibernant, par exemple) ou plus courts (rythme cardiaque, reproduction des cellules, etc.), nous ne disposons pas, à proprement parler, d'un organe dédié à la perception du temps. Dans ces conditions, comment s'établit et se maintient en nous l'idée de temps en tant que contexte dans lequel s'ordonnent nos pensées, nos observations et nos expériences ? Kant définit le temps comme une forme sans laquelle nous ne pouvons pas faire l'expérience du monde : « *L'espace et le temps sont des formes a priori de la sensibilité.* » Pour Spinoza, « *le temps est un mode de pensée qui sert à expliquer la durée, la continuité de l'existence.* » Wittgenstein le réduit à un *Sprachspiel* : il est possible que nous ayons besoin de ce « jeu de langage » pour vivre, même si le temps n'est pas une réalité, mais seulement une sorte de « fiction utile » parmi d'autres. Et pourtant, nous ne pourrons nous passer de cet avertissement au lecteur, emprunté à Jorge Luis Borges : « *Le langage est si imprégné de temps, il en est si fort inspiré qu'il n'est, peut-être, dans ces pages aucune phrase qui en quelque façon ne l'exige ou ne l'invoque.* »

Urgence de la question

La question fondamentale à résoudre absolument tant qu'on est en vie est étroitement liée au temps. C'est celle de la mort, c'est-à-dire « après » la vie. Le temps participe évidemment de ce qui sépare la vie de la mort.

La mort, comme le temps, serait spécifiquement humaine, comme le propose Hannah Arendt (« Condition de l'homme moderne »), dont nous citons un long passage, essentiel pour le sujet qui nous intéresse :

« *Les hommes sont "les mortels", les seuls mortels existant [...]. La mortalité humaine vient de ce que la vie individuelle, ayant de la naissance à la mort une histoire reconnaissable, se détache de la vie biologique. Elle se distingue de tous les êtres par une course en ligne droite qui coupe, pour ainsi dire, le mouvement circulaire de la vie biologique. Voilà la mortalité : c'est se mouvoir en ligne droite dans un univers où rien ne bouge, si ce n'est en cercle.*

Le devoir des mortels, et leur grandeur possible, résident dans leur capacité de produire des choses – œuvres, exploits et paroles – qui mériteraient d'appartenir et, au moins jusqu'à un certain point, appartiennent à la durée sans fin, de sorte que par leur intermédiaire les mortels puissent trouver place dans un cosmos où tout est immortel sauf eux. [...] Si mourir revient à "cesser d'être parmi les hommes", l'expérience de l'éternel est une sorte de mort ; tout ce qui la sépare de la mort réelle c'est qu'elle est provisoire, puisque aucune créature vivante ne peut l'endurer bien longtemps. Mais ce qui importe, c'est que l'expérience de l'éternel, par opposition à celle de l'immortalité, ne correspond et ne peut donner lieu à aucune activité : même l'activité mentale qui se poursuit en nous à l'aide des mots non seulement est de toute évidence impuissante à l'exprimer, mais en outre ne saurait qu'interrompre et ruiner l'expérience elle-même. »

Nous craignons généralement la mort, probablement parce qu'elle représente l'inconnu absolu : nous n'avons pas de moyen de savoir ce qu'elle représente pour nous-mêmes. La mort des autres, nous l'éprouvons en pensant à deux états différents de la même personne. Mais nous-mêmes ne connaissons qu'un état, c'est celui de la vie, que nous pouvons explorer grâce à la conscience. Nous pouvons « remonter » à différents âges de notre vie, jusqu'aux souvenirs de la prime enfance, ceux qui datent de l'âge où la pensée se structure, où apparaît le langage, où l'on se reconnaît dans un miroir, vers l'âge de deux ans environ, guère plus tôt.

Mais que se passe-t-il lorsque nous ne sommes pas conscients, c'est-à-dire là où nous ne sommes pas (absence spatiale, ailleurs), là où nous ne sommes pas encore (absence temporelle, avant-vie), là où nous ne sommes plus (absence temporelle, après-vie) ? Bien que l'après-vie soit chargée d'une connotation bien plus dramatique que l'avant-vie et que l'ailleurs, la question se pose quasiment de la même manière. Nous soulevons là un problème analogue à celui de l'observation : un phénomène existe-t-il en l'absence d'observateur ?

Pourquoi suis-je née à telle époque plutôt qu'à telle autre ? Si j'étais née un siècle plus tôt, donc morte depuis plusieurs dizaines d'années, qu'est-ce qui penserait aujourd'hui ? Si j'allais naître dans un siècle, même question. Peut-être que ma pensée, ma conscience, et le temps que je vis et que j'éprouve, sont des constantes, des éléments permanents, alors que l'espace et l'histoire ne seraient que des décors fugitifs.

Si le temps est lié à la vie et qu'il commence à la naissance et se termine à la mort, la question : « Qu'est-ce que se passe à la limite entre vie et non-vie ? » équivaut à la question de l'origine ou de la nature du temps. Tout cela se ramène à la question tout aussi fondamentale et encore non résolue : « Pourquoi y a-t-il quelque chose plutôt que rien ? »

D'où cette interrogation de Jacques Roubaud dans sa présentation de « L'abominable tisonnier de John McTaggart Ellis McTaggart et autres vies plus ou moins brèves » :

« *"Si je dois mourir très bientôt, que faire ? c'est-à-dire : comment occuper mes jours ? quels travaux achever ?" À cette question, Mr Goodman, chimiste de profession, "vieil ami" et double probable de l'auteur, décide de répondre en s'attelant au problème du temps.*

"Et où mieux débusquer l'expérience du temps vécu que dans des récits de vies de toutes sortes, de toutes époques et de tous endroits ? Il lut, lut et lut ; relut ; prenant des notes dans de grands cahiers ; il relisait parfois ce qu'il avait ainsi recueilli dans ses écritures ; et un jour il se dit que lire et tracer ne suffisaient pas ; pour mieux saisir le sens de ce qu'il avait ainsi engrangé, il fallait l'ordonner, le réfléchir, le mettre en forme ; en somme, il fallait raconter."

De Diogène d'Œnoanda, philosophe de l'Antiquité, au poète Constantin Cavafy ; de Jaufre Rudel de Blaye, amoureux de la comtesse de Tripoli, à Merril Moore, homme "capable de commencer et de terminer un sonnet dans sa voiture, en attendant que le feu passe au vert." Par exemple. »

Comment l'aborder ?

A priori, nous ne savons pas par quel bout nous allons aborder le temps. Il y a deux manières de connaître une chose : la première implique que l'on tourne autour de cette chose, et celle-ci dépend donc de la place que l'on occupe par rapport à elle ; la seconde exige que l'on entre en cette chose, et le point de vue n'intervient plus.

Si nous voulons étudier le temps par analogie avec l'espace, ou plutôt avec un sous-ensemble de l'espace à trois dimensions, nous avons deux possibilités : suivre le temps, comme l'arpenteur suit une rivière ou grimpe sur une montagne, en notant chaque point et ses caractéristiques ; ou bien en sortir, comme les cartographes actuels s'élèvent au-dessus de la surface terrestre et l'étudient à partir de photos aériennes ou d'images satellites.

Nous pouvons en effet nous placer en tant qu'observateur de notre propre perception du temps. La matière à notre disposition est constituée par la mémoire, c'est-à-dire la pensée sur le temps passé. Toute réflexion personnelle, subjective, introspective, sur le temps, interroge la mémoire. La mémoire est la matière qui m'est donnée pour cette étude.

Nous pouvons aussi, à partir des théories scientifiques, tenter de mettre le temps en équation. Si nous retrouvons le temps dans un seul ou dans les deux membres de l'équation, il suffira de résoudre celle-ci à l'instar d'une équation algébrique pour obtenir une « formule du temps ».

Un sujet largement traité

Le temps peut être considéré de différents points de vue : variable dynamique, évolution, relation (d'ordre, de causalité, etc.) entre événements, durée, etc. ; en physique, en psychologie, en histoire, en philosophie, en biologie… Tous les scientifiques et les chercheurs utilisent le temps, certains essaient de le définir, de l'expliquer et de le comprendre. Jusqu'ici, et à notre connaissance, toutes les définitions et tous les moyens d'analyse sont autoréférents : comment définir « flèche du temps », « continuité », « irréversibilité », etc., sans utiliser le temps ? Saint Augustin (IVe siècle) est le plus souvent cité sur cette impossibilité de définition (cf. Confessions, livre XI chap. 26).

McTaggart (cf. Bibliographie) caractérise le temps par trois types de « séries », qu'il nomme A, B, C. Le temps peut être caractérisé par des relations (A) : avant (antériorité), pendant (simultanéité), après (postériorité) ; ou par des attributs (B) : passé, présent, avenir ; ou encore par des relations d'ordre entre les événements (C). Les relations (A) et (C) sont permanentes, alors que les attributs (B) sont constamment changeants et intrinsèquement liés à la perception du sujet : pour le sujet en question, l'avenir devient présent, le présent devient passé. Nous ne pouvons pas donner de définition des termes de la série B ; nous pouvons seulement décrire ces distinctions à travers des exemples (ce que je viens de faire, ce que je suis en train de faire, ce que je vais faire) ; ces termes s'expriment à travers la conjugaison des verbes.

Hervé Regnauld (cf. Bibliographie) discute la relation du présent à la vérité : « *L'idée qu'il existe un "présent" est une des bases qui fonde la possibilité même de la vérité, en permettant l'affirmation d'une adéquation réelle, concrète et immédiate entre une idée et un fait.* […] *Pourtant le présent pourrait n'être qu'un mythe, une illusion de langage et ne correspondre à rien d'assez solide pour être utilisé dans une théorie scientifique, même matérialiste. C'est la thèse, originale et foncièrement déstabilisante, que Denis Perrin trouve dans des textes peu connus de Wittgenstein et qu'il expose dans un ouvrage extrêmement dense et passionnant de bout en bout.* […] *Le solipsisme s'écrit sous une forme simple : "seul le présent est réel". Ce qui est passé n'est plus et ce qui est futur n'est pas encore.* […] *Le langage est dépendant du temps parce que la grammaire (et la logique) est construite sur le modèle de la relation physique entre cause et conséquence.* »

Et il résume la thèse de Wittgenstein, vue par Denis Perrin : « *Il y a une "vérité" physique qui est chronologique mais atemporelle : avant et après ne sont jamais réversibles mais le lien causal entre événements liés est toujours vrai. Il y a une "vérité" du langage, qui est conformité aux règles de grammaire et de logique qui se veulent toujours vraies (c'est une atemporalité) mais qui ne sont vraies que si l'ordre dans lequel on les prononce permet de différencier un avant et un après. Le langage, en tant que paroles prononcées par une voix, est absolument temporel. S'il ne respecte pas des règles d'intelligibilité avec un début, un ordre et une fin, un discours est incompréhensible, ou non-sens. Il y a enfin une vérité du psychisme qui est a-chronologique, en ce sens que avant et après cohabitent et peuvent être contemporains dans la mémoire comme dans la pensée, dans les mécanismes de perception comme dans l'inconscient.* »

Le temps et la durée peuvent être considérés comme des données objectives lorsqu'ils s'inscrivent dans l'histoire, donc avec une référence constante à une date (c'est-à-dire un ordre postulé a priori), ou dans la science, donc avec une description expérimentale qui peut s'exprimer dans un discours ou se traduire sous la forme d'une formule. Le temps et la durée sont considérés comme des données subjectives, dans la mesure où ils sont perçus par un individu pensant (moi-même qui me regarde penser). Le temps biologique, appelé « horloge interne », élaboré dans différentes régions du cerveau animal, mais existant également chez les végétaux, pourrait constituer une relation entre temps interne et subjectif, et temps externe mesurable. Dans le cadre de la biologie, le temps externe ne serait-il pas « transformé » par le cerveau (ou par un autre organisme vivant) en temps interne singulier puisque personnel ?

Selon la première conception, le temps est externe, absolu, objectif, universel, homogène, quantitatif, linéaire, continu. Il existe en soi, s'écoule régulièrement, sans référence à quelque chose d'extérieur, et apparaît comme le milieu immuable de tous les changements qui le « remplissent ». Cette approche empiriste, transcendantale ou ontologique, qui se rattache à la « philosophie du concept », envisage le temps comme une donnée naturelle, condition de l'expérience vécue pour un sujet.

Selon la deuxième conception, le temps est interne, subjectif, individuel, qualitatif, unique et singulier. Inexorable et irréversible écoulement, le temps ne renvoie plus à une image statique, mais à une conception dynamique ; il est le changement lui-même, la mouvance et la métamorphose des milieux. Cette approche psychologique, dans le cadre de la « philosophie de la conscience », envisage le temps comme une évidence vécue.

Ces deux conceptions – externe et interne – se présentent comme les deux termes d'une opposition, complémentaires et incompatibles.

En ce sens, elles ne sont pas constitutives de la notion de temps. D'où la nécessité d'une troisième approche. À cette troisième conception, on peut rattacher les théories idéalistes, selon lesquelles le temps est produit uniquement par l'esprit ; tout changement, tout devenir n'est que simple apparence, la réalité est intemporelle. Conception largement présente dans les philosophies orientales (cf. 1re Partie, « Le Mythe »).

Par ailleurs, plusieurs tentatives de dépassement de la notion de temps absolu, linéaire, à sens unique, ont eu lieu : la théorie d'Einstein, les études sur l'inconscient et le rêve de C.G. Jung, la loi bergsonienne de dichotomie, la théorie de l'auto-organisation d'Henri Atlan, issue de la théorie de l'information. Toutes ces constructions du temps sont séparément incomplètes.

Il faut encore citer la théorie relationnelle, qui refuse au temps toute réalité indépendante. La relation va des événements au temps. Ce sont les événements qui le constituent. Le flux du temps ne porte pas les événements, il en est constitué. Cette théorie relationnelle remonte à Leibniz, qui définissait déjà le temps comme un ordre de succession, ordre dérivé de la relation antérieur-postérieur, qui est supposée fondamentale, irréductible. De cet ordre, il résulte un temps subjectif qui, lorsque les événements s'étendent au monde extérieur, est transformé en temps physique.

Ces explications, lorsqu'elles évoquent un « écoulement » ou un « passage » du temps, présupposent l'existence d'un « hypertemps » (ou « métatemps ») appartenant au monde absolu, qui devrait à son tour faire l'objet d'une étude. Ce qui, dès lors, nous entraîne dans une régression infinie de mesure du temps par le temps (mise en abyme ou « boucle étrange »).

Un objectif ambitieux

La plupart des auteurs qui ont abordé la question du temps n'en ont étudié qu'un domaine ou, au mieux, quelques aspects particuliers : le point de vue historique, le psychologique, le biologique, le physique… Mais comment unir ou articuler ces différentes études partielles ? Les tentatives de synthèse sont rarement complètes ni tout à fait satisfaisantes.

Il ne s'agit pas ici d'explorer la métaphysique ni la philosophie du temps. Le sujet a déjà été largement étudié, sinon épuisé, par les Saint Augustin, Kant et autres Bergson. Nous ne nous satisferons pas davantage des considérations d'Einstein pour qui le temps, étroitement associé à l'espace, n'est autre qu'un cadre géométrique pour les événements de l'univers physique. Cependant nous ne pouvons faire abstraction de ces idées et de leurs évolutions. La littérature, étant un produit de la culture d'un peuple à une époque donnée, doit nécessairement refléter la cosmologie de ce peuple à cette époque, ainsi que l'identité – ou vue du « soi » – propre à ce peuple à la même époque. Plutôt que d'essayer de concilier des notions aussi divergentes que la régularité et l'homogénéité du temps physique, l'accélération ou le ralentissement du temps psychologique, le caractère linéaire du temps historique et celui cyclique des temps biologique, mythologique ou cosmique, nous observerons d'abord le temps en tant propriété de la conscience humaine à l'état de veille, qu'il s'agisse du temps psychologique, biologique ou physique, ou de sa représentation, qu'elle soit historique, scientifique ou symbolique.

À la recherche d'une définition

Toute étude bien menée doit commencer par la définition des concepts. Or dans le cas présent, la définition est plutôt le but que nous nous proposons d'atteindre. En attendant, le Dictionnaire historique Robert nous éclaire sur l'évolution de la définition du mot temps :

Le mot « temps » vient du latin *tempus* « temps, fraction de la durée », distinct de *aevum*, qui indique plutôt le temps dans sa continuité. En latin, on emploie fréquemment le pluriel *tempora*. Le rapprochement avec le verbe *temperare* (« tempérer »), qui a donné « température », reste obscur. Le mot latin a donné les dérivés « temporaire », « temporel », « temporiser ».

En français, le mot *tens* (X^e au XVIIIe siècles) cumule les valeurs des mots *tempus* et *aevum*. À partir du XIIIe siècle, il désigne un point situé par notre expérience d'un avant et d'un après. Le mot désigne aussi, dès les premiers textes en ancien français, la suite des événements dans l'histoire, l'époque dans laquelle on vit et dont on parle.

Une autre définition apparaît au XIIe siècle, où « temps » désigne l'état de l'atmosphère ou l'état du ciel à un moment donné. Il est employé en ancien français dans le sens de « saison ». Il a parfois le sens de « tempête », notamment dans l'expression « gros temps », mot d'ailleurs dérivé de ce dernier. Sans pouvoir expliquer cette homonymie, qui à notre connaissance ne se retrouve pas dans d'autres langues que le français, nous ne parlerons pas de ce « temps »-là. Ainsi, l'anglais et l'allemand distinguent clairement les deux acceptions, qui sont respectivement *time* et *Zeit* (le temps chronologique), *weather* et *Wetter* (le temps météorologique).

Une troisième définition du mot « temps » s'applique à la forme grammaticale des verbes : « présent », « passé », « futur », avec leurs dérivés « passé simple », « passé antérieur », « passé composé », « futur antérieur »…, sont des modes de conjugaison qui correspondent à l'expression du temps de la communication. En anglais, ce « temps » se traduit par *tense*. Cette définition a un rapport évident avec notre sujet, mais nous n'utiliserons pas le terme « temps » dans cette acception.

L'équivalent grec de *tempus* est χρονος (*chronos*, homonyme de Kronos, le dieu du temps qui dévore ses enfants), distinct de καιρος (*kairos*), qui désigne l'instant précis, et de αιων (*aiôn*), l'éternité, le temps qui se répète. Χρονος est mesurable et divisible, il désigne le temps qui s'écoule, une durée définie, une unité rythmique. Il a surtout servi à former des mots scientifiques, comme « chronomètre », « chronologie », « synchrone ». De cette racine est aussi dérivé le terme « chronique », désignant un type de recueil de faits historiques rapportés dans leur ordre de succession. Quant à l'adjectif « chronique », il apparaît dans le vocabulaire médical au XIVe siècle.

Enfin, soulignons que les deux termes, *tempus* et χρονος, ont une étymologie inconnue. Nous pouvons néanmoins citer une origine gréco-latine plausible du premier terme, qui serait la substantivisation du verbe grec τεμνω (*temno*) : (1) couper ; (2) enlever en coupant, séparer, ravager, dévaster, mutiler, châtier ; (3) découper ; (4) couper en perçant ou en piquant, immoler ; (5) préparer en coupant ; (6) traverser en coupant, fendre (la mer), ouvrir en coupant, labourer.

Présentation de l'ouvrage

Nous allons donc étudier le temps sous quatre angles différents, sans jamais perdre de vue que c'est le même concept qui se retrouve dans **le mythe** au sens large, c'est-à-dire la culture, les traditions, la littérature, l'histoire, etc. (1re Partie), dans **l'expérience** quotidienne que nous faisons du temps, c'est-à-dire principalement la psychologie et l'introspection (2e Partie), dans **la science**, à commencer par la physique pour laquelle le temps est un paramètre essentiel (3e Partie), et enfin dans **les mathématiques**, dans la mesure où elles apportent des formalismes et des modèles pour le décrire (4e Partie). Pour aboutir à une conclusion qui expliquera et justifiera le titre de ce livre.

Ces différentes parties, entre lesquelles s'intercalent des intermèdes où nous avons rassemblé des citations de « donneurs de temps », peuvent être abordées indépendamment les unes des autres, bien que l'ordre que nous avons adopté, du particulier au général, du plus concret au plus abstrait, du plus évident au plus élaboré, nous paraisse le plus logique et permettant une meilleure compréhension de notre sujet d'étude.

Première partie

Le mythe

Temps et langues, temps et grammaires – Temps, pratiques et croyances religieuses – Le temps dans l'antiquité gréco-latine – Le temps dans la pensée judéo-chrétienne – le temps dans la tradition de l'Inde – Le temps dans la pensée chinoise – Temps historique et linéaire, temps mythique et circulaire – Temps et art.

Dans cette partie, loin d'être exhaustive, nous tenterons de capter ce que sous-tend le terme ou le concept de temps dans les traditions et les cultures de différents peuples du monde.

Le sentiment du temps, dans la conscience humaine, ne s'étend qu'aux phénomènes de l'environnement immédiat de l'homme, au passé récent et à l'avenir proche. L'idée de temps plus longs appartient d'abord au domaine du mythe qui l'étend parfois à l'éternité, et ensuite à l'histoire qui se fonde sur des documents et des objets datés. L'étude des mythes – et accessoirement de la littérature, de la culture, de l'art, de l'histoire, voire de la préhistoire, dans la mesure où le temps est conceptualisé dans ces disciplines – a donc une grande importance pour l'étude de la conception du temps.

Cette partie, qui met en jeu non seulement le temps, mais aussi l'absence de temps, l'intemporalité, et l'éternité, et qui traite de la possibilité de passage d'une phase à une autre, pourrait fournir des éléments pour comprendre la nature du temps.

Temps et langues, temps et grammaires

Nous avons déjà évoqué l'étymologie quelque peu incertaine du mot « temps » (*tempo, time, Zeit,* etc.) dans les langues occidentales. En latin comme en grec, il existe deux mots, *tempus* et *aevum* (χρονος et αιων). Le premier s'applique principalement au monde profane, tandis que *aevum* (« éon ») évoque plutôt une longue durée, mais qui se distingue de *aeternitas*, l'éternité, par le fait qu'elle est dotée d'un commencement et d'une fin. Le grec propose un troisième terme, καιρος, qui désigne le moment convenable ou oppportun, l'occasion.

Le mot latin *hora* désignait à l'origine, non pas une heure astronomique, mais une personne vivante, la déesse qui vient, tenant en main des fruits et des fleurs et qui donne les richesses de la moisson, nous apprend Gerardus van der Leeuw (« L'homme primitif et la religion »), cité par Georges Gusdorf (cf. Bibilographie). « *Tel était d'ailleurs aussi le sens de la notion grecque de* καιρος, *qui désignait le moment favorable, le temps propre de tel ou tel aspect de la réalité* », ajoute cet auteur.

En français, il existe de nombreuses expressions intégrant ce mot : « prendre du temps », « perdre son temps », « avoir le temps », etc. qui en disent long sur notre conception du temps. Il peut être possédé ou perdu, maîtrisé, partagé... comme un bien matériel. Nous lui accordons une place très importante, voire concrète, en particulier dans la langue française qui contient une multitude de « temps » grammaticaux pour exprimer le passé (passé simple, passé composé, imparfait, plus-que-parfait, passé immédiat) et le futur (futur simple, futur antérieur, futur immédiat, conditionnel présent, conditionnel passé 1re et 2e formes), mais un seul (ou deux si nous considérons le subjonctif) pour le présent. Dans d'autres langues, il existe deux formes grammaticales différentes (en anglais, la forme normale et la forme progressive), ou parfois même deux verbes différents (en russe, les aspects perfectif et imperfectif), pour une action ayant lieu à un moment précis ou une action qui se prolonge.

Les grammairiens de l'Inde (V^e et VIe siècles) ont été les premiers à tirer parti de la réflexivité de la langue sur elle-même, par le truchement de la grammaire, pour amorcer une analyse du temps et de sa composition en instants à partir des temps verbaux. En hindi, « hier » et « demain », « avant-hier » et « après-demain » sont respectivement exprimés par le même mot. De même, les langues dravidiennes (parlées en Inde du sud) n'ont pas de mots distincts pour « hier » et « demain ». En d'autres termes, le passé et l'avenir sont la même chose, la même illusion. Il n'y a de vrai que l'instant et l'éternité. L'instant, unique aspect « réel » du temps, est défini en termes d'atomes (*anu*) et de leur mouvement. La succession d'un instant à l'autre et les unités du temps ne sont pas réelles, mais existent uniquement dans l'esprit comme une conception mentale ou verbale. Deux instants successifs sont séparés par un « vide interstitiel libérateur ».

En grammaire chinoise, il n'y a pas de mention formalisée du temps. Dans cette langue, le caractère *che* exprimant le temps en général contient le radical du soleil. C'est le temps lié aux saisons. Un autre caractère se prononçant également *che* signifie « époque », « ère ». Un autre encore signifie « véhicule ». Nous voyons ainsi que les langues et les cultures ont leur propre manière de traiter le temps.

Temps, pratiques et croyances religieuses

L'étude des religions et des pratiques associées nous apporte des éléments sur la conception du temps.

D'une part, les rituels religieux ont pour fonction de reproduire à l'échelle humaine/terrestre/individuelle le temps divin/céleste/universel. Il y a ainsi une relation étroite entre le temps et l'action du culte. Le calendrier a pour fonction d'établir un lien entre ces différentes commémorations : la semaine reproduit les sept jours de la création, selon les premiers versets de la Genèse ; les différentes fêtes, religieuses et civiles, comme les rythmes saisonniers ou lunaires, sont inscrits dans les calendriers. L'existence universelle des systèmes de calendrier « *atteste la nécessité d'un rythme spécifique, qui préside à l'éparpillement dans le temps des actes religieux »*, soulignent Henri Hubert et Marcel Mauss, cités par Georges Gusdorf, qui ajoute : « *La fonction médiatrice du calendrier est donc au moins double : il est pour le sacré un moyen d'expression, mais il a aussi une sorte de fonction prophylactique, assurant ainsi la sauvegarde de l'ordre humain, non seulement contre les influences néfastes, mais aussi contre le sacré lui-même. Le calendrier serait une sorte de transformateur, réduisant l'excessive tension du mana à la mesure des possibilités humaines. Ainsi se trouve résolue l'antinomie du temps divisible et du sacré indivis qui s'égrène dans le temps.* » Ce temps sacré est parfois désigné par le terme « Grand Temps » : « *Fêtes, commémorations, sacrifices sont autant d'ouvertures par lesquelles le Grand Temps débouche dans la réalité humaine pour la transfigurer* », note G. Gusdorf. Les rites (même lorsqu'ils ont perdu toute valeur religieuse, comme les anniversaires, les fêtes et autres commémorations en rapport avec le calendrier civil) sont une façon d'abolir – ou de maîtriser – le temps par la répétition. La fête est, pour Georges Dumézil, « *le moment et les procédés par lesquels le Grand Temps et le temps ordinaire communiquent, le premier se vidant alors dans le second d'une partie de son contenu, et les hommes, à la faveur de cette osmose, pouvant agir sur les êtres, forces, événements qui remplissent le premier.* » Les rites ont deux autres fonctions : la projection dans le passé vers une époque précise ou non ; et la remise des compteurs à zéro. Cette dernière est évidemment appliquée dans la célébration du « Nouvel An ». Dans le même ordre d'idée, le culte des ancêtres fait s'interpénétrer et s'exprimer mutuellement le passé, le présent et le futur. Certaines pratiques (yoga, méditation…) ont, au contraire, pour but de découvrir l'irréalité du temps et de la dépasser. La méditation vise à atteindre l'instant pur, tremplin pour l'intemporel (Patânjali, Yoga Sutra).

D'autre part, diverses notions évoquées dans les croyances ou textes religieux impliquent une certaine conception du temps. Par exemple, la notion de causalité (liée à celle du temps, comme nous allons le voir dans la suite de cette étude) se manifeste, notamment dans les religions sémitiques, par une dialectique de la récompense et de la punition, lesquelles sont administrées par le juge suprême. La notion de péché originel comme celle de purgatoire relèvent de cette croyance. La notion de *karma*, présente dans l'hindouisme et le bouddhisme, évoque l'idée d'une action qui se prolonge et dont les prolongements (vers le futur comme vers le passé) sont infinis : l'action se retourne nécessairement, à un moment ou à un autre, sur celui qui l'a engendrée (ou sur les réincarnations de celui-ci, le cas échéant). D'où la valeur péjorative, en sanskrit, dont sont chargés les noms qui expriment mouvement et changement, alors que la plupart des noms statiques ont une valeur positive intrinsèque.

D'autres croyances retentissent sur la conception du temps. Ainsi, pour celui qui croit en la prédestination (l'avenir étant perçu comme destin), les événements sont « inscrits » quelque part, donc préexistent (cf. la conception de Spinoza sur l'éternité et le temps.). Enfin, l'hypothèse de l'éternité de l'âme, avancée par de nombreuses religions, a également des implications sur la conception du temps : l'éternité peut être considérée comme une infinité de temps, éventuellement avant mais surtout après l'existence terrestre. Cette conception de l'éternité des âmes a cependant été mise à mal par certains penseurs qui estiment que le nombre sans cesse croissant d'âmes ne serait pas compatible avec un espace limité. Le problème peut se résoudre par la théorie de la réincarnation, ou bien par l'une des trois théories suivantes : éternel retour (Nietzsche), réminiscence (Platon), sortie du temps (hindouisme). Mais le judéo-christianisme n'apporte pas de solution à ce problème.

Le temps dans l'antiquité gréco-latine

Les penseurs grecs sont prolixes au sujet du temps, nous ne retiendrons donc que quelques extraits marquants. Cela suffira à montrer que, même au sein d'une zone géographique et d'une époque bien délimitées, les conceptions du temps sont déjà extrêmement diverses. Ainsi, pour Héraclite, tout objet physique est sujet à des changements temporels. L'identité est une illusion. Seuls existent le changement, le devenir, les processus : « *Le soleil se renouvelle chaque jour. Il ne cesse pas d'être éternellement nouveau – car il participe du pouvoir dionysien. – Le temps de notre vie est un enfant qui joue et qui pousse les pions. C'est la royauté d'un enfant.* »

Parménide, en revanche, nie les changements : « *Jamais il n'était ni ne sera, puisqu'il est maintenant, tout entier à la fois, un, d'un seul tenant.* » L'être n'est pas soumis au temps. Seules les manifestations concrètes du temps existent (croissance, vieillissement…).

Zénon d'Elée, disciple de Parménide, nie également l'existence du mouvement et de la multiplicité. Ses arguments s'appuient sur deux hypothèses : soit l'espace et le temps sont continus et divisibles à l'infini ; soit ils sont discontinus et composés d'atomes. L'argument d'Achille et la tortue repose sur la première hypothèse et débouche sur le fameux paradoxe.

Empédocle admet le changement et la venue à l'être comme résultant du mélange et de la dissociation de choses déjà existantes : « *Rien de ce qui est mortel n'a de naissance ni de fin ni de mort. Mais les éléments s'assemblent seulement, puis une fois mêlés se dissocient. Naissance n'est qu'un nom donné par les hommes à un moment de ce rythme des choses.* »

Pour Platon, le temps retournera de nouveau à son commencement et toutes choses se retrouveront dans leur état originel. Selon cette conception cyclique, l'univers créé (temporel) est une imitation du modèle éternel. « *Le temps imite l'éternité et progresse en cercle suivant le nombre.* » (Platon, Timée 338a) Mais cet univers est néanmoins sujet à une certaine dégradation « *à mesure que le temps s'écoule* ». « *Cet univers où nous sommes, tantôt le dieu lui-même dirige sa marche et le fait tourner, tantôt il le laisse aller, quand ses révolutions ont rempli la mesure du temps qui lui est assigné ; alors il tourne de lui-même en sens inverse. Le monde est tantôt dirigé par une cause divine étrangère à lui, recouvre une vie nouvelle et reçoit du démiurge une immortalité nouvelle, et tantôt, laissé à lui-même, il se meut de son propre mouvement et il est ainsi abandonné assez longtemps pour marcher à rebours pendant plusieurs myriades de révolutions parce que sa masse immense et parfaitement équilibrée tourne sur un pivot extrêmement petit. […] À mesure que le temps s'écoule et que l'oubli survient, l'ancien désordre domine en lui* [le monde] *davantage et, à la fin, il se développe à tel point que, ne mêlant plus que peu de bien à beaucoup de mal, il en arrive à se mettre en danger de périr lui-même et tout ce qui est en lui.* » (Platon, « Le Politique »)

Aristote est bien connu pour sa fameuse citation : « *Le temps n'est pas le mouvement, mais il est le nombre du mouvement.* » Celle-ci n'est autre que la conclusion d'un raisonnement quasi scientifique mené dans son traité (Physique VI), où il mentionne et rejette successivement l'identification du temps (1) au mouvement de l'univers ; (2) à la sphère céleste ; (3) au mouvement et au changement. « *Il n'y a pas de temps sans changement. En effet, lorsque notre pensée n'est soumise à aucun changement, ou quand ce changement nous échappe, il ne nous semble pas que se soit passé du temps. Nous sommes comme ceux qui, d'après la légende, se réveillent après avoir dormi auprès des héros. Ils relient en effet l'instant précédent à l'instant suivant, et en font un seul, effaçant l'intervalle qui les a séparés, parce qu'ils n'en ont pas eu conscience. Donc, si l'instant n'était pas autre, mais s'il était identique à lui-même et unique, il n'y aurait pas de temps. Ainsi, lorsque cette hétérogénéité reste inaperçue, il ne semble pas y avoir de temps intermédiaire. S'il est donc vrai qu'il nous arrive de ne pas penser que du temps passe, lorsque nous ne percevons aucun changement, mais que notre âme semble demeurer dans un temps un et indivisible ; et si, lorsque nous sentons et que nous percevons, nous disons que du temps s'est écoulé, alors il est manifeste qu'il n'y a pas de temps sans mouvement ni changement.*

Deux choses sont donc évidentes : le temps n'est pas mouvement ; et il n'y a pas de temps sans mouvement. »

Eudème, disciple d'Aristote et de Pythagore, pense qu'un retour complet du temps se produit, de sorte qu'il se retrouvera, encore une fois ou maintes fois encore, de nouveau assis en train de parler avec ses élèves : « *Si l'on en croit les pythagoriciens, à savoir que les mêmes événements se répètent, il viendra un jour où je serai de nouveau là [...] ; et toutes les autres choses seront comme elles sont et l'on peut dire avec raison que le temps sera le même.* »

La conception romaine du temps s'inscrit en continuité avec la conception grecque. Ainsi, Cicéron (De Divinatione) estime que « *l'événement futur ne surgit pas brusquement, l'écoulement du temps d'un moment à l'autre ressemble au déroulement d'un câble qui ne produit rien de nouveau, mais qui déploie, à chaque fois, ce qui était auparavant.* »

Pour les stoïciens, qu'ils soient grecs ou romains, l'homme est un microcosme dans le macrocosme, et le présent de l'individu comme de l'univers se confond avec l'éternité. « *Qui a vu le présent a tout vu, le passé immémorial et le futur à l'infini.* » (Marc Aurèle, Pensées VI, 37)

Plusieurs penseurs associent le temps à la justice, notamment Hésiode, Anaximandre, ainsi que Solon qui parle du « tribunal du temps ». En cela, ils sont à rapprocher d'une certaine conception judéo-chrétienne (le jugement dernier à la fin des temps). Il en va de même de l'orphisme. Apparu en Grèce vers le VIe siècle avant notre ère, l'orphisme aura des répercussions jusque dans le néoplatonisme et le gnosticisme, à l'ère chrétienne. Ce courant se réfère au mythe d'Orphée, d'origine obscure et très ancienne, dont l'épisode le plus célèbre est la descente aux Enfers du héros à la recherche de son épouse Eurydice. L'orphisme est une doctrine du salut marquée par une souillure originelle ; l'âme est condamnée à un cycle de réincarnations dont seule l'initiation pourra la faire sortir, pour la conduire vers une survie bienheureuse où l'humain rejoint le divin. On entrevoit cette eschatologie à travers une littérature poétique apocryphe hellénistique, conservée sous le nom d'Orphée.

Les oracles, auspices, prophéties et autres augures, chez les Grecs et les Romains, sont un témoignage de la volonté de ces peuples de vaincre les contraintes imposées par le cours du temps : ils visent à connaître l'avenir, c'est-à-dire à accéder au futur à partir de l'instant présent. Le futur, associé à une personne ou à un peuple, étant quasi déifié sous le nom de Destin. Le fait que Delphes, siège de la Pythie, l'oracle d'Apollon, soit un des lieux les plus importants et les plus sacrés de la Grèce classique n'est pas anodin. Associé à ce lieu, citons le mythe d'Œdipe qui met en exergue, d'une part, la volonté des hommes d'échapper au Destin et, d'autre part, l'impossibilité de cette échappatoire. [cf. ANNEXE 1]

En tant qu'héritier de la tradition gréco-latine, notamment d'Aristote, Saint Augustin écrit dans « La Cité de Dieu » : « *Le monde fut conçu, non pas dans le temps, mais simultanément au temps. Car ce qui est conçu dans le temps est conçu à la fois après et avant un temps – après celui qui est passé, avant celui qui viendra. Mais rien ne peut être passé, car il n'existait aucune créature dont les mouvements auraient pu permettre de mesurer sa durée. Le temps et le monde furent créés simultanément.* »

Le temps dans la pensée judéo-chrétienne

Le temps dans la pensée judéo-chrétienne, de même que dans la pensée occidentale actuelle, est linéaire, vu comme un processus eschatologique. La création du monde s'est manifestée par l'apparition d'un temps. Celui-ci est intrinsèque au monde créé, alors que le créateur, Dieu, est à la fois hors du temps et éternel (« le Père éternel »). Cette union paradoxale du temps et de l'éternité, ou plutôt le passage du temps à l'éternité, symbolisé par le Jugement

Dernier, l'Apocalypse, fonde l'eschatologie chrétienne. La fin du monde est une sortie hors du temps et l'entrée dans l'éternité. Ce passage correspond aussi à un changement de lieu, le temps étant associé au monde des vivants, et l'éternité à l'« au-delà » (l'Enfer, le Purgatoire, le Paradis, les limbes, l'empire des morts, la Jérusalem Céleste, le jardin d'Eden, etc.). Et justement le Purgatoire a été inventé vers l'an 1000 pour introduire une notion de temps, de durée finie, à côté de l'idée religieuse de l'éternité infinie, afin de rendre cet « au-delà » psychologiquement supportable.

Le lien entre temps et éternité, la conscience eschatologique, se décline suivant les sensibilités, selon le rapport que l'on établit entre la vie terrestre et l'« au-delà ». Si l'on croit à une rupture totale, cette conscience est sans importance. Si l'on croit, au contraire, à une continuité d'ordre spirituel entre les deux univers, celui du temps et celui de l'éternité, alors la théologie de l'incarnation prend toute sa valeur. Pour les chrétiens, le passage du temps à l'éternité est donc possible, et le chrétien aspire à ce passage. Mais, contrairement à la croyance des Grecs pour lesquels la mort est un passage d'« ici » à « ailleurs », pour les chrétiens la mort se trouve dans le temps lui-même. Nul ne peut y échapper.

Pour une partie des chrétiens, notamment les protestants luthériens et les jansénistes, les notions de grâce et de prédestination font appel à une conception bien particulière du temps : la grâce étant donnée indépendamment des actes, elle suppose que le Dieu qui l'accorde connaît d'avance la vie de l'homme qui la reçoit ; quant à la prédestination, elle suppose connue la totalité de la vie d'un homme dès sa naissance, voire avant, comme si les actes et les pensées de cet homme préexistaient à leur réalisation.

Il existe encore d'autres variantes de cette conception judéo-chrétienne. Pour les gnostiques, le temps est une réalité, mais mauvaise, et la fin du monde est réelle. Pour Hegel, toute réalité n'est que le déploiement dans le temps d'une Idée absolue (à l'instar de Dieu).

Pour Spinoza, l'éternité est ce dont nous avons l'intuition, en excluant le fait que le temps et la durée soient réelles.

Dans la pensée islamique, qui se rattache historiquement à la pensée judéo-chrétienne, le temps vécu est la suite d'instants ponctuels. Cette « voie lactée d'instants » se présente comme autant de points de tangence du temps humain et de l'éternité divine.

Le temps dans la tradition de l'Inde

Parmi les penseurs des siècles passés, c'est probablement en Inde que se trouvent les raisonnements les plus poussés sur le temps. Nous allons voir que les conceptions philosophiques et religieuses du temps sont extrêmement complexes et variées. À une époque ancienne, les réflexions sur le temps se confondent avec l'astronomie (*kâlavâda*). Le Mahâbhârata représente le temps comme un pouvoir cosmique qui est origine et principe même de la réalité. « *Le temps est le seigneur qui opère le changement dans les êtres. Il est la destinée de tout, on ne peut pas l'éviter. Les cinq sens ne peuvent le concevoir. Certains disent qu'il est le feu, d'autres qu'il est le seigneur des créatures. [...] C'est le temps qui contrôle tout ce qui est.* » La roue (*çakra*), symbole du cercle/cycle solaire, est souvent choisie pour représenter le rythme temporel : « *Le temps nous porte en avant ; c'est un coursier aux sept rayons et au millier d'yeux, qui ne dépérit pas, qui est plein de fécondité. Les sages intelligents montent sur lui ; ses roues sont tous les mondes. [...] Le temps se meut sur sept roues ; il a sept moyeux ; l'immortalité est son essieu. Il est actuellement tous ces mondes. Le temps s'avance avec hâte vers le premier dieu.* » (Atharva Veda XIX, 53)

Dans la mythologie de l'Inde, l'existence de l'univers est sous l'emprise de deux forces supérieures liées au temps : *kâla* (temps) et *karma* (acte). Les deux ont une connotation plutôt péjorative, le premier signifiant également « mort », le second étant lié au cycle des réincarnations dont seul le sage peut sortir. L'univers lui-même est pris dans une sorte de cycle de destructions et de recréations périodiques. Cette croyance remonte au Xe siècle av. J.C. (Atharva Veda X, 8, 39-40) : « *Après avoir conquis tous les mondes par la Formule, le temps se met en marche, dieu suprême.* [...] *Une vibration complète est contenue dans le temps. Nous le voyons exister sous bien des formes. Il est tous ces mondes dans le futur. On l'appelle "le temps dans le ciel le plus haut".* »

Les religions de l'Inde, le brahmanisme, le shivaïsme ou le vishnouisme, conçoivent un temps absolu, comme origine suprême de la création du monde. « *Du temps découlent les êtres, par le temps ils vieillissent, dans le temps ils sont détruits : le temps étant sans-forme assume une forme.* [...] *Brahman a deux formes : temps et atemporalité.* » (Maîtri Upanishad) Le Shiva Purâna reconnaît trois niveaux du temps, Shiva ou Mahâkâla (« le grand temps ») étant l'essence intime du temps : éternel (non-différent de Shiva) ; pouvoir de Shiva ; produit de *mâya* (illusion). Ce n'est que dans cette dernière phase que le temps est divisé. Le vishnouisme a adopté une théorie similaire : « *Au-delà de l'intelligence est le grand temps ; mais au-delà du temps est le seigneur Vishnou duquel procède tout l'univers.* » Dans la Bhagavad Gîta (XI, 32), Krishna dit : « *Je suis le temps* ». Le temps dont il est question est l'Eternel Présent, qui conduit à la description de l'univers tout entier. C'est ainsi que l'on peut voir le temps comme une image de l'éternité. « *Le Temps, s'il est convenablement abordé, peut être notre ami pour nous introduire dans l'Eternité.* » Le jaïnisme se distingue de ces conceptions en considérant le temps comme une substance (*dravya*) différente des autres substances (*astikâya*) par le fait qu'il n'occupe pas d'espace.

L'hindouisme organise une sorte de hiérarchie où le temps serait inférieur (par inclusion ou soumission) à l'absence de temps. « *Au-dessus du temps a été placé un vase comble* », est-il écrit dans l'Atharva Veda. Ce vase est le symbole de l'auteur du temps, l'intemporalité dans laquelle puise le temporel, ou la cause impersonnelle, la réalité, de sorte que tout ce qui s'écoule du « vase comble » n'est plus pleinement réel. Le vase au-dessus du temps reste toujours comble parce qu'en réalité il ne se vide jamais ; il n'y a pas de temps qui s'écoule, rien ne tombe du vase intemporel. Cette idée se rattache à la conception propre au bouddhisme et à certains courants mystiques hindous, qui considèrent le monde comme irréel et pour lesquels le temps n'a pas de réalité, mais fait partie des illusions liées à la vie matérielle : « *Dans l'état d'ignorance, le temps est le premier à se manifester, mais il disparaît dans l'état de sagesse.* » Ce qui existe, c'est l'écoulement temporel des êtres. « *En vérité pour celui qui sait […] le soleil jamais ne se lève ni ne se couche. Il y a pour lui le jour à jamais […] abolissant ainsi le cosmos et unifiant tous les contraires. […] L'ultime fondement de la réalité, où il parvient à faire effraction, est à la fois temps et éternité.* » (Chandogya Upanishad III, 11, 3)

Les philosophes de l'Inde ont étudié le temps du point de vue du présent, de l'éternité et de la durée, du mouvement et de l'immobilité. Le temps n'est différencié et divisé en passé, présent, futur qu'à cause des actions. D'après Nyayavart, le mouvement est une production de moments qui surgissent en juxtaposition les uns des autres. Il n'y a pas de substance, de chose durable, qui se meut, il n'y a qu'une ligne de « moments », c'est-à-dire le mouvement lui-même. Selon la Mandukya Upanishad, la vérité derrière le temps est aussi l'instant présent immobile, mais qui accepte d'être mobile et de créer la durée. L'Upanishad parle de deux catégories de temps, le temps unidimensionnel et le temps bidimensionnel. Ce dernier est la durée entre deux actes, entre deux instants, tandis que le temps unidimensionnel est l'instant qui se meut et qui crée la durée. L'instant présent est l'éternel présent qui n'est pas, en dernière analyse, un instant du temps, mais le Soi avec lequel l'instant est englouti. Le Soi, le témoin immobile, qui ne tombe jamais dans le passé ni ne devient le futur, car il anime le futur dans le présent et déclenche la perception directe.

Les penseurs indiens sont encore à l'origine de nombreuses réflexions sur le temps. Une légende met en exergue la subjectivité de la durée : Vishnou envoie son disciple Narada chercher de l'eau à la fontaine, mais des événements rencontrés par celui-ci lui font oublier sa mission : il rencontre une femme, construit une maison, fonde une famille. Au bout d'une douzaine d'années, une catastrophe lui fait perdre tout ce qu'il a acquis – maison, famille, biens – et il se retrouve auprès de son maître qui, lui, n'a passé qu'une demi-heure à l'attendre. « Où est l'eau que tu devais me rapporter ? » demande simplement ce dernier. Ce qui fait invariablement penser à la conception aristotélicienne : pour le dieu, qui est resté immobile en attendant son disciple, il n'y a pas eu de « passage du temps ».

La Maîtri Upanishad se penche sur la causalité en tant que concept lié à la notion de temps et de changement, dont elle cite trois aspects : la cause en devenant effet reste telle quelle (l'or reste or en devenant bracelet) ; la cause change en devenant effet (l'œuf et le poussin) ; la cause et l'effet sont simultanés ou contemporains (les deux cornes du bœuf). De quoi procède le temps ou l'univers, cela reste toujours une grande inconnue, tant dans la religion que dans la philosophie : « *Le temps "cuit" toutes choses dans le grand Soi. Celui qui sait dans quoi le temps lui-même est "cuit" connaît la vérité.* » (Maîtri Upanishad VI, 15)

La réflexion la plus aboutie se trouve dans le Vedanta, et notamment dans les écrits de Shankara. Selon ce philosophe hindou du VIIIe siècle, le temps n'existe pas du tout puisqu'il n'y a ni succession des phénomènes psychiques, ni changement dans les objets extérieurs. Cette conception se rapproche à la fois du rejet aristotélicien et de la négation bouddhique du temps. « *Ceux qui disent qu'un objet n'existe que pendant un moment affirment que, lorsqu'il entrera dans le second, l'objet qui existait dans le premier cessera d'exister. Dans ce cas, entre les deux objets il ne peut pas y avoir de lien causal puisque l'existence du moment antérieur de l'objet devient néant et ne peut être la cause du moment suivant. En supposant que le simple fait de l'existence du moment précédent est la cause du suivant, on fait une supposition fausse, puisque nous ne pouvons nous imaginer la production d'un résultat qui ne serait pas du même genre que sa cause. Mais (du point de vue bouddhique) on ne peut admettre que la cause, en son essence, continue à vivre dans le résultat ; cela équivaudrait à admettre une existence de durée de la cause, et conduirait à renoncer à la théorie de l'instantanéité de l'être.* » (Shankara) Dans le Vedanta, la présentation du temps et de l'espace comme deux réalités distinctes est le siège de l'ignorance. Du point de vue de l'homme libéré, temps et espace ne constituent plus une dualité, tout comme la vision dans le stéréoscope révèle que les deux images, tout d'abord présentées séparément, deviennent une. Il ne s'agit pas ici d'une synthèse des deux réalités précédemment distinctes, mais d'une vision nouvelle, celle de la non-dualité. Toujours selon la théorie de la non-dualité, *Turiya* (« intemporel ») exprime l'absence de contradiction entre l'état de durée et celui de cessation.

Le temps dans la pensée chinoise

Les Chinois ont très tôt développé la chronologie, avec une conception du temps à la fois linéaire (principe de récompense-et-châtiment) et cyclique (cf. Marcel Granet, « La pensée chinoise »). Temps et Commencement commencent et finissent en même temps : quand un être disparaît, ce qu'il était retourne à l'Indistinct, il finit, et son temps finit avec lui. L'abolition du temps ne peut se faire que par une identification du soi avec ce qui fait tourner indéfiniment le principe vital entre le ciel qui féconde et la terre qui porte (*Yin/Yang*).

Plutôt que du temps, les Chinois parlent surtout du changement. Ils font du flux et du changement l'essence même de l'univers. C'est ce processus cosmique qu'ils nomment *Tao*. L'un des textes chinois essentiel, le *Yi Jing*, signifie « Livre des changements ». Il y est écrit que *« le changement, c'est la seule chose dans l'univers qui soit non-changement.* » Ce temps des processus, décrit par François Jullien, *« n'est ni à proprement parler un objet de connaissance ni non plus un objectif d'action ;* [...] *ce n'est pas un temps régulier comme celui de la science – temps docile, ni non plus un temps accidentel, comme celui qui est ouvert à l'action – temps rebelle, mais un temps régulé : qui maintient l'équilibre à travers la transformation et reste cohérent tout en ne cessant d'innover.* »

Temps historique et linéaire, temps mythique et circulaire

Il est classique de qualifier le temps historique de linéaire et le temps mythique de circulaire. En effet, le temps sacré, celui de la fête et de la reproduction des rites, est lié au retour du temps « originel » (cf. Mircea Eliade, « Le mythe de l'éternel retour »). Chaque moment est comme une « photo » extraite d'un film qui peut repasser sans cesse devant le projecteur. « *La treizième* [heure] *revient, c'est encore la première et c'est toujours la même…* », dit Gérard de Nerval. Cette idée, qui paraît vieille comme l'humanité, provient aussi bien de l'observation de la périodicité des phénomènes naturels (l'alternance du jour et de la nuit, la répétition de la succession des saisons…) que de la chronobiologie, c'est-à-dire de la synchronisation des rythmes du vivant (l'homme, mais aussi les animaux et les plantes) avec la périodicité des dits phénomènes naturels. Et cet aspect cyclique est remarquablement représenté par le cadran des montres dites analogiques, à aiguilles. Dans cette conception du temps cyclique, le passé apparaît pour l'homme comme une préfiguration de l'avenir. Le monde temporel est moins réel que le monde des formes intemporelles, l'espace prédomine sur le temps.

À l'opposé, dans une conception linéaire, où le temps ne s'écoule que du passé vers le futur, celle qui permet d'organiser les événements de manière successive dans des calendriers utilisés par les historiens, ou bien en époques géologiques, le temps prédomine sur l'espace. À ce stade, nous voulons cependant insister sur les **deux aspects** des calendriers, comme des horloges, d'où résultent deux fonctions complémentaires : une fonction principalement cyclique, servant à rythmer les **activités à venir** – aussi bien religieuses (les prières, les fêtes, etc.) que civiles (le travail et le repos, les tâches agricoles, la vie scolaire, etc.) – et une fonction linéaire qui sert à enregistrer et classer les **événements passés** et, secondairement seulement, des événements du futur proche dans la mesure où ces derniers résultent de prise de rendez-vous ou d'engagements qui, eux, ont eu lieu dans le passé.

Entre ces deux conceptions, il existe une multitude de manières de représenter le temps dans la littérature, la poésie, la mythologie. Dante, à l'instar du voyageur à contre-sens dans le train, qui regarde l'horizon au loin, fait apparaître dans sa « Divine Comédie » toute l'histoire du genre humain comme synchronique. Dans la vision nietzschéenne de l'histoire, contrairement à ce qui était le cas dans l'antiquité païenne, les instants ne sont pas des points se succédant sur une ligne. Lorsque, sous le Portique d'Instant, Zarathoustra interroge l'Esprit de Pesanteur sur la portée des deux chemins éternels qui, venant de deux directions opposées, se rejoignent à cet endroit précis, l'Esprit de Pesanteur répond : « *Tout ce qui est droit est mensonger, la vérité est courbe, le temps aussi est un cercle.* » L'univers historique nietzschéen, ou le devenir historique de l'homme, est conçu comme un ensemble de moments dont chacun forme une sphère à l'intérieur d'une supersphère quadridimensionnelle, où chaque moment peut, par conséquent, occuper le centre par rapport aux autres. Dans cette perspective, l'actualité de chaque moment ne s'appelle plus « présent ». Bien au contraire, présent, passé et avenir coexistent dans tout moment : ils sont les trois dimensions du temps historique. Les oiseaux de Zarathoustra ne chantent-ils pas à leur maître : « *En tout moment commence l'Etre. Autour de tout Ici s'enroule la sphère Là. Partout est le centre. Courbe est le sentier de l'Eternité* » ?

Si l'on poussait jusqu'au bout le raisonnement sur le temps cyclique ou circulaire, si le temps n'était qu'un cycle ininterrompu, les points « successifs » de passage par un même point seraient absolument identiques, indiscernables, c'est-à-dire qu'ils ne formeraient qu'un seul point. Cette conception extrême représenterait le temps comme une boucle répétée infiniment à l'identique, sans début ni fin. Ce qui n'explique rien, car nous-mêmes nous retrouverions dans le même état qu'au précédent passage, et donc incapables de reconnaître l'intervalle entre les deux passages. Et si l'infini futur rejoignait le passé le plus lointain ? Des auteurs se sont appuyés sur une telle supposition pour expliquer le secret des civilisations antiques très avancées. Et après ? L'homme disparaît et apparaît au quaternaire, les montagnes se développent, les mers bougent, rien n'est immobile, mais tout revient au même état. Donc rien n'est témoin du « retour » du temps.

D'où l'idée de combiner les aspects cyclique et linéaire, pour aboutir à une conception du temps en spirale. L'irréversibilité du temps (aspect linéaire) sert d'axe central, autour duquel tournent les cycles de rayon perpendiculaire à cet axe, qui forment ainsi des cycles ouverts. Chaque saison, chaque génération reviennent à proximité de la position précédente, mais à un niveau différent. En d'autres termes, les événements ne reviennent jamais ni au même point de l'espace ni au même instant, ce qui correspond à l'individualisation de l'entité « mouvement » (cf. Bergson, « Durée et simultanéité »). Une autre conception, intermédiaire entre les aspects cyclique et linéaire, serait d'imaginer que le temps fait des boucles, en repassant parfois, de manière aléatoire, par le même point. D'où la possibilité de capter des informations provenant du futur.

Enfin, outre le temps linéaire ou cyclique, il faut aussi parler de l'éternité. Ne peut-on pas voir le temps comme une projection de l'éternité sur une substance, à l'instar des ombres qui se profilent sur le fond de la caverne (cf. mythe de la caverne de Platon) ? Ce qui rejoint la conception hégélienne, selon laquelle toute réalité n'est que le déploiement dans le temps d'une Idée absolue.

Temps et art

Il nous faut aussi considérer l'art comme témoignage de la pensée ou de la réflexion sur le temps, qu'il s'agisse de référence explicite au temps ou de témoignage du temps qui passe, qu'il s'agisse d'une conception propre à une culture ou à une civilisation données, ou bien de l'expression de la conscience individuelle de l'artiste. La musique, le théâtre ou la danse sont intrinsèquement liés au temps, dans la mesure où les sons, les paroles et les gestes se déploient au cours du temps, dont ils reproduisent parfois en accéléré le passage. En tant que tels, ces arts sont comparables à des rites religieux. Certaines danses, notamment celle des derviches tourneurs dans la tradition soufie, sont précisément rituelles. Le théâtre antique et les « mystères » du moyen-âge avaient pour fonction de reproduire un événement mythologique, pour le premier, et tiré de « l'histoire sainte », pour les seconds. Dans la « règle des trois unités » du théâtre classique, l'une des « unités » est le temps.

Quant aux arts plastiques, s'ils veulent exprimer le temps, ils doivent utiliser des subterfuges. Par exemple, faire figurer des objets (les montres molles dans « La persistance de la mémoire » de Salvador Dali) ou suggérer des ambiances (« Jours de lenteur » d'Yves Tanguy) évoquant le temps. Une autre manière pour les peintres de représenter le temps consiste dans les successions d'autoportraits exécutés au cours de la vie, comme pour témoigner du temps qui passe et marque son empreinte sur leur propre visage. Ainsi, chez

Rembrandt, qui a consacré près d'une centaine d'œuvres, gravures ou toiles, à l'image de soi, l'autoportrait apparaît comme une forme de journal intime. Ou chez les peintres expressionnistes, à commencer par Vincent Van Gogh qui s'est représenté trente-sept fois, de 1886 à 1889 ; Edvard Munch, qui a surtout pratiqué l'autoportrait au cours des dernières années de sa vie, plusieurs dizaines à partir de 1930 jusqu'à sa mort en 1944. L'artiste contemporain franco-polonais Roman Opalka rattache explicitement son œuvre au temps, allant jusqu'à se qualifier lui-même de « zeitiste » (de l'allemand *Zeit*, le temps) et accompagnant l'exécution de chacune de ses œuvres d'un rituel : « *Après chaque séance de travail dans mon atelier, je prends la photographie de mon visage devant le* Détail *en cours.* »

Sans oublier la littérature et le cinéma qui ont une connotation temporelle plus ou moins forte, mais toujours sensible [cf. ANNEXE 2]. Par exemple, dans les contes pour enfants, « il était une fois… » dénote une situation dans le temps. Mais c'est surtout dans le cinéma que le temps joue un rôle important, sous de multiples aspects : d'abord, comme la musique ou le théâtre, un film se déroule dans le temps ; ensuite, il raconte souvent une histoire qui fait référence au temps qui passe ; il rappelle parfois le passé par des *flash back* ; enfin, il évoque plus ou moins directement le temps ou des concepts en relation avec lui, comme la mémoire ou le destin, la naissance ou la mort, sur lesquels nous reviendrons dans la 2e Partie, « L'Expérience ».

Intermède
Les donneurs de temps (1-2)

« *L*e temps est le seigneur qui opère le changement dans les êtres. »
(Mahâbhârata)

« There's a great devil in the universe, and we call it Time. »
(Priestley)

« Le temps absolu est ce par quoi un homme devient indépendant du passé et du futur. [...] Le temps est une épée tranchante [...] qui coupe les racines du passé et du futur. »
(Traité persan de soufisme)

« Si la nature n'accorde qu'à l'âme la faculté de nombrer, il est impossible que le temps existe en l'absence de l'âme. »
(Aristote)

« L'esprit de l'homme est capable de tout – car toute chose est en lui, aussi bien tout le passé que tout l'avenir. »
(Joseph Conrad, « Au cœur des ténèbres »)

« Mythique ou divin dans les sociétés archaïques, l'archétype du temps consiste le plus souvent en une relation étroite entre un "rythme" nécessaire, "vital", intérieur, et un flux ou des événements créateurs et/ou destructeurs extérieurs. »
(C.G. Jung, « Ma vie, souvenirs rêves et pensées »)

« Le temps est une substance atomique particulière, à l'origine de la distinction entre passé, présent et futur. »
(Ramanuja)

« C'est le propre de ce qu'on imagine en dormant, de se multiplier dans le passé et de paraître, bien qu'étant nouveau, familier. »
(Marcel Proust)

« Je ne veux pas perdre mon temps, répète à qui veut l'entendre, inlassablement, l'homme pressé. Le temps m'est compté. Il me faut absolument gagner du temps et surtout rattraper le temps perdu. »
(Patrick Chauvin, Festival du mot, La Charité-sur-Loire, 26-30 mai 2010)

« Les Anglais n'étant pas un peuple très mystique, ils ont inventé le cricket pour avoir une idée de ce qu'est l'éternité. »
(George Bernard Shaw)

« Quid est quod est ? Ipsum quod fuit.
Quid est quod fuit ? Ipsum quod est
Nihil sub sole novum. »
(Giordano Bruno, 1588)

« Vor mir war keine Zeit, nach mir wird keine sein,
Mit mir gebiert sie sich, mit mir geht sie auch ein. »
(Daniel von Czepko, 1655)

« Quand j'en vins à parler, ma première question fut : "Comment suis-je venu en ce monde ?" Je dis à ma nurse que je voyais bien en vérité que j'étais là, mais par quelle cause ou de quel commencement ou moyen, je ne pouvais l'imaginer. »
(Edward Herbert, lord of Cherbury, cité par Jacques Roubaud)

« J'aurais pu appeler ce livre "Faux Souvenirs". Non que je veuille consciemment dire des mensonges mais, en écrivant, je m'aperçois que le cerveau ne dispose pas d'une chambre froide où conserver nos souvenirs intacts, il est plutôt un réservoir de signaux fragmentaires qui attendent que le pouvoir de l'imagination leur donne vie – et ceci, en un sens, est une bénédiction. »
(Peter Brook, « Oublier le temps »)

« Si je dis à l'instant : Arrête-toi ! Tu es si beau !
Alors tu peux me mettre des fers
Alors je consens à m'anéantir
Alors le glas peut sonner… »
(Wolfgang Goethe, « Faust »)

« La femme de Loth regarda en arrière et elle devint une statue de sel. »
(Genèse 19, 26)

« Horloge ! dieu sinistre, effrayant, impassible,
Dont le doigt nous menace et nous dit : Souviens-toi !
[…] Souviens-toi que le Temps est un joueur avide
Qui gagne sans tricher, à tout coup ! c'est la loi.
Le jour décroît ; la nuit augmente, souviens-toi !
Le gouffre a toujours soif ; la clepsydre se vide. »
(Charles Baudelaire, « L'horloge », 1860)

« Le temps s'en va, le temps s'en va, madame
Las ! le temps, non, mais nous nous en allons… »
(Pierre de Ronsard)

« Alice : "I think you might do something better with the time, than waste it asking riddles with no answers."

The Hatter : "If you knew Time as well as I do, you wouldn't talk about wasting *it*. It's *him*."
Alice : "I don't know what you mean."
The Hatter : "Of course you don't ! I dare say you never even spoke to Time !" »
(Lewis Carroll, "Alice in Wonderland")

« Le futur est passé, et on ne s'en est pas aperçu. »
(Ettore Scola, « Nous nous sommes tant aimés », 1974)

Deuxième partie

L'expérience

La matière première – L'expérience individuelle – Temps et identité – L'expérience des autres – Le présent, un point singulier entre passé et futur – La perception du temps et de la durée – Penser le temps – Le sens du temps – Temps, langage et raisonnement – Temps et mémoire, temps et prémonition – Temps, sommeil et rêve – Temps et conscience : intégration et superposition – L'ordre du temps vécu

*L'*EXPÉRIENCE du temps est le point de départ de cette étude. C'est celle que nous faisons quotidiennement, consciemment ou non, qui constitue en quelque sorte la matière première de toute étude du temps. Les deux difficultés, comme pour toute expérience menée rigoureusement, c'est d'une part d'isoler l'élément qui nous intéresse des autres éléments, et d'autre part d'interpréter l'expérience. Nous ne traiterons pas, dans cette partie, des résultats fournis par les dispositifs expérimentaux scientifiques, dont il sera question dans la 3ᵉ Partie, « La Science ».

Même si ce que nous avons appelé « L'Expérience » fait l'objet d'une partie à part entière, elle n'est pas sans lien avec la partie précédente, « Le Mythe ». Pour preuve, Georges Gusdorf décrit un « temps mythique » en relation avec la conscience temporelle individuelle (dans « Mythe et métaphysique », cf. Bibliographie) : « *Être au monde, c'est être dans le temps ; le temps se donne à nous comme la procession des "maintenant" entre les horizons du passé et de l'avenir. La conscience temporelle est ainsi liée au développement de l'aventure humaine, dont elle permet de ressaisir le sens, les progrès ou les échecs. La pensée contemporaine s'est beaucoup préoccupée d'élucider, de rendre plus authentique cette coïncidence de l'être humain avec lui-même sous le chiffre du temps.* » Alors que la première partie traitait du temps comme vécu collectivement, par un peuple ou une communauté, dans une nation, un milieu et une époque donnés, cette deuxième partie s'intéresse au vécu et au ressenti de chaque individu, indépendamment – si possible – de toute influence culturelle, religieuse ou autre.

La matière première

La matière première de l'expérience du temps ne manque jamais, elle est très abondante au contraire. L'expérience dont il s'agit résulte de l'attention, de l'introspection, de la réflexion. Expérience universelle, omniprésente, inéluctable. Mais, comme nous le verrons par la suite, cette expérience est interprétée diversement, les philosophes se plaçant dans l'un ou l'autre de deux camps opposés. D'un côté, ceux qui, à l'instar de Newton ou Kant, admettent le temps comme un élément de l'ordre naturel, donné à l'entendement humain de la même manière que tout autre objet physique, et une forme sans laquelle nous ne pourrions pas faire d'expérience du monde (*Erfahrung*), d'où l'affirmation kantienne : « *L'espace et le temps sont des formes a priori de la sensibilité.* » De l'autre côté, les partisans d'un temps correspondant à une structure universelle de la conscience humaine (*Dasein*), de sorte que nous pourrions, partout et toujours sur le même mode, interpréter les événements en termes de temps et les placer dans un « temps vécu ». Une troisième position ferait du temps, en tant que symbole universellement reconnu, une construction élaborée par la société à partir de très nombreuses expériences, bien que nous ne sachions pas à partir de quelle époque ou dans quelle civilisation est née cette idée.

Les sciences humaines apportent leurs outils propres pour analyser ce temps vécu. Généralement elles partent de la description psychologique : nos sens nous présentent leurs perceptions dans l'ordre du temps. Pour décrire cette succession de perceptions, on a introduit la notion de « flux du temps ». Ce flux fait que ce que nous appelons « présent » évolue vers le passé, tandis que nous abordons un nouveau présent à chaque instant. Cette conception est généralisée à l'ensemble des individus et, par extension, à tout l'univers, lequel serait traversé par ce flux, produisant événement après événement, de manière continue, inexorable et irréversible. *« L'expérience du temps comme flux uniforme et continu n'est devenue possible que par le développement possible de la mesure du temps, par l'établissement progressif d'une grille relativement bien intégrée de régulateurs temporels, tels que les montres à mouvement continu, la succession continue des calendriers annuels, les ères enjambant les siècles »*, affirme Norbert Elias.

Ces prises de position ont eu une influence incontestable sur notre conception du temps, que nous avons tendance à identifier à une sorte d'espace unidimensionnel et unidirectionnel, comme en témoignent de nombreuses expressions du langage courant : « le cours du temps » est la transposition schématique d'un cours d'eau dont seule est prise en compte la direction du déplacement – et jamais la largeur ou la profondeur du fleuve, son lit, les méandres, l'existence d'une source, d'une embouchure, ou la possibilité d'affluents ; « la flèche du temps » évoque un objet pointu se déplaçant le long d'une trajectoire linéaire ; « des années en arrière » est une image spatiale faisant référence au passé ; « le futur proche » reprend une notion de lieu ; « aller de l'avant » signifie se diriger résolument vers l'avenir, comme sur une route ; « être en train de » évoque un véhicule en marche, dans lequel nous serions embarqués ; enfin, le temps « passe » comme s'il s'agissait d'un objet en mouvement devant nous. Par la suite, nous nous efforcerons de ne pas nous laisser influencer par ces *a priori*.

L'expérience individuelle

L'expérience du temps est essentiellement subjective, et chacun peut faire cette expérience pour lui-même. Allongée sur une chaise longue, au soleil, je laisse mon esprit vagabonder. La chaleur sur ma peau, un souffle de vent, une musique, un parfum… et mon état de conscience se trouve transporté des années en arrière, je ressens ce que je ressentais dans ma jeunesse dans une situation analogue. Je me retrouve dans l'état où j'avais quinze ans par exemple, éprouvant la même émotion, les mêmes sensations. À la différence près qu'aujourd'hui je possède en plus la connaissance de ce que va être ma vie plus tard, parce que cette tranche de vie, de quinze ans à maintenant, je l'ai effectivement vécue. Alors je me prends à penser que, dans cette conscience de quinze ans, il devait bien y avoir la prescience du futur, puisque, dans le même état de conscience, je connais à la fois l'état « quinze ans » et l'état « aujourd'hui ». C'est un exercice d'introspection qui peut être pratiqué à tout âge : jeune, se mettre dans l'état d'esprit que l'on aura quand on sera vieux, ou l'inverse : essayer de se remémorer précisément une circonstance et de retrouver son état d'esprit d'alors. Il y a peut-être un croisement entre ces deux pensées qui se télescopent, moi à quinze ans qui rêve que j'en ai soixante, ou moi à soixante ans qui suis dans l'état psychique de quinze ans.

Cette expérience est proche de celle relatée dans le film « Mr Nobody » de Jaco van Dormael [cf. ANNEXE 2]. Ce film étonnant parle du temps et de certaines de ses caractéristiques (irréversibilité/réversibilité), du souvenir et de la prémonition, de la décision et du hasard. Au départ : un petit garçon, au moment où ses parents se séparent et où il va devoir choisir l'un ou l'autre (à moins que ce ne soit le hasard qui choisit à sa place). Il se met dans la tête du vieillard qu'il sera, et qui se souviendra de toutes les possibilités alors offertes au petit garçon suivant les rencontres et les circonstances. Expérience comparable à celle décrite par Jorge Luis Borges dans « Nouvelle réfutation du temps ». Arpentant les rues d'un quartier qu'il a bien connu des années plus tôt, l'écrivain fait la réflexion suivante : « *Cette pure représentation de faits homogènes*

[...] *n'est pas simplement identique à celle qui se produisit au coin de cette rue il y a tant d'années : c'est, sans ressemblance ni répétition, la même.* [...] *Cette identité admise, on peut demander : ces instants qui coïncident ne sont-ils pas le même instant ?* »

Avant d'aborder systématiquement ce travail sur le temps, j'ai repris mes « journaux intimes », en commençant à reculons de 2009 à 1980, puis dans le sens chronologique à partir du premier agenda rempli, en 1963, jusqu'à 1979. Telle est l'une de mes expériences du temps. La lecture ou la copie d'un texte écrit dix, vingt ou quarante ans plus tôt est une rencontre, une identification ou une superposition. Je suis aujourd'hui celui ou celle qui a écrit ce texte et je rencontre des événements qui se sont déroulés il y a dix, vingt ou quarante ans. Ou bien je retrouve aujourd'hui l'état de conscience de l'auteur du texte au moment où celui-ci a été écrit, comme s'il y avait superposition ou fusion entre les deux états. Ce que J.W. Dunne, dans « An experiment with time », explique comme suit : « *Un sujet conscient n'est pas seulement conscient de ce qu'il observe, mais d'un sujet A qui observe et, par conséquent, d'un deuxième sujet B, conscient de A et, par conséquent, d'un troisième sujet C, conscient de B...* » Le véritable temps est, pour Dunne, le terme ultime et inaccessible d'une série infinie.

En étendant ce télescopage à la limite, il doit aussi être possible de se retrouver dans la prime conscience (la première fois que l'enfant tout jeune prend conscience, a une pensée) et dans l'ultime conscience (le dernier instant conscient de la vie). Si nous faisons l'hypothèse que la naissance est une entrée dans le temps et la mort une sortie du temps, il suffirait de percevoir cet état limite pour comprendre/connaître la différence entre l'état d'être vivant et l'état d'être mort ou pas encore né, c'est-à-dire entre le temps et le non-temps. Expérimenter notre propre naissance ou notre propre mort serait donc la seule manière de voir ce passage de l'intérieur, alors que de la naissance ou de la mort d'autrui nous ne sommes que les spectateurs extérieurs.

Endel Tulving (1972) parle de la « mémoire épisodique » : c'est la mémoire des faits vécus personnellement, de leur contexte factuel et émotionnel. Elle est, selon lui, le seul système qui nous permet de nous rappeler nos expériences antérieures et donc de voyager dans le passé. Cette mémoire autobiographique s'accompagnerait d'une conscience du temps subjectif à travers lequel les événements se sont déroulés. Nous avons ainsi passé en revue quelques moyens (parmi de nombreux autres) de nous « déplacer » consciemment et volontairement dans le temps. Déplacement bien différent de ceux que nous pouvons effectuer dans l'espace.

Temps et identité

Lorsqu'il raconte une expérience passée, comment le narrateur peut-il savoir que c'est **lui** qui a fait l'expérience ? Pour cela, il doit avoir conscience du « soi » et de la continuité du soi, de son identité qui se perpétue dans le temps, à travers événements, transformations physiques et psychiques. Ce qui est certainement lié à notre expérience du temps, à notre capacité de mémoriser ce qui est le « soi ». Remarque magistralement développée par A.E. Van Vogt dans le roman d'anticipation, « Le monde du Ā » : « *Mémoire et identité sont une seule et même chose.* [...] *La mémoire c'est le soi.* »

Freud (« Le sentiment océanique et la conservation psychique du passé – Le malaise dans la culture », 1929-1930) compare « la conservation dans le psychique » (la continuité de la vie intérieure) d'un individu avec le développement de Rome, la « Ville éternelle ». Celle-ci est formée de strates depuis la *Roma quadrata*, colonie sur le Palatin entourée d'une palissade, suivie du *Septimonium* qui eut comme frontière la muraille de Servius Tullius (vers −550), puis les débuts de la période impériale dans les murailles de l'empereur Aurélien (vers −250). « *Ce qui maintenant occupe ces emplacements, ce sont des ruines, et non pas les ruines d'eux-mêmes, mais celles de rénovations faites à des époques ultérieures, après incendies et destructions. [...] Voilà le mode de conservation de ce qui est passé, que nous rencontrons dans des lieux historiques comme Rome. [...] Faisons maintenant l'hypothèse fantastique que Rome n'est pas un lieu d'habitations humaines, mais un être psychique, qui a un passé pareillement long et riche en substance et dans lequel donc rien de ce qui s'est une fois produit n'a disparu, dans lequel, à côté de la dernière phase de développement, subsistent encore également toutes les phases antérieures.* » De même que l'identité d'une ville est faite de constructions, destructions, reconstructions empilées, élargies, de même l'identité d'un individu est constituée de l'ensemble de ses souvenirs, la mémoire de lui-même, de ses expériences passées, pensées et repensées.

Cette continuité de l'identité est exprimée ainsi par le philosophe indien Swami Siddheswarananda : « *Nous avons la perception d'entités éternelles, permanentes, dans notre conscience du présent, mais nous ne pouvons les objectiver, elles sont inhérentes à notre individualité. Dès que nous pensons, le passé devient une entité et il semble que ce passé puisse être saisi ; mais en réalité ce passé est aussi le présent, et insaisissable.* »

L'expérience des autres

Nous pouvons aussi expérimenter le temps, d'une certaine manière, à travers l'expérience des autres. Par exemple, expérimenter le passage de la vie à la mort, du temps au non-temps, par l'empathie. Car nous avons la capacité de nous « mettre à la place » d'une autre personne, d'un animal, voire d'une entité, dans la mesure où elle existe dans le temps, et nous pourrions pousser l'empathie jusqu'à vivre avec cet être sa vie à lui, puis sa mort.

Dans la mesure où nous admettons que les autres individus expérimentent également le temps, nous pouvons étendre celui-ci à nos parents, nos ancêtres, aux peuples contemporains et ceux qui les ont précédés, et généraliser le temps et la possibilité de l'expérimenter au monde entier et à toutes les époques. De même que nous avons appris à établir une correspondance entre notre état de conscience, d'une part, et l'heure des horloges et la date des calendriers, d'autre part, de même nous admettons qu'il existe ou qu'il a existé un état du monde correspondant à d'autres heures d'horloge et d'autres dates de calendrier. Notre notion du temps résulte ainsi de l'apprentissage et de l'expérience acquise par chaque individu depuis sa naissance (approche ontologique), mais aussi de celle accumulée par la longue série des générations (approche phylogénétique, sociale ou culturelle). Nous devons donc admettre que notre expérience du temps n'est pas tout à fait indépendante du contexte social et culturel, malgré le parti pris énoncé ci-dessus, en introduction à cette partie.

Par ailleurs, une œuvre d'art, création littéraire, musicale, plastique, etc., est un événement qui véhicule l'expérience du temps aussi bien de son auteur (au moment où il crée l'œuvre) que de celui qui la reçoit, qu'il soit lecteur, auditeur ou spectateur (au moment où il la reçoit). Le processus créatif est un événement, la prise de connaissance par le destinataire est aussi un événement. De plus, si cette œuvre est un livre, par exemple, ce dernier – événement lui-même – contient d'autres événements, ceux qui y sont relatés. Tous ces événements sont inévitablement liés à l'expérience du temps. Nous renvoyons ici le lecteur à la fin de la première partie (« Temps et art »).

Le présent, un point singulier entre passé et futur

Le passé est perçu par la mémoire, le futur par l'espérance ou la prévision (l'attente de quelque chose, les projets, etc.). L'imagination a le pouvoir de nous identifier à un moi passé (souvenir) ou à un moi futur (précognition ou pressentiment), lorsque par la pensée nous amenons ce passé ou ce futur au présent. Quant au présent proprement dit, il est perçu par les sensations et les sentiments. « *Nous pouvons tous concevoir la notion de temps et de durée, dont l'intersection est l'instant. C'est dans cet instant que nous sentons le présent éternel, le "maintenant"* », estime Swami Siddheswarananda. Le sujet – moi, le narrateur, celui qui pense, celui qui s'exprime – est toujours placé dans le présent (« ici et maintenant »).

Etienne Klein met en évidence la perception d'un présent qui intègre le passé et le futur immédiats : « *Notre conscience épaissit l'instant présent.* […] *Elle l'enveloppe d'une rémanence de ce qu'il a contenu à l'instant précédent et d'une anticipation de ce qu'il contiendra à l'instant suivant.* » Passé, présent et futur sont ainsi intimement mêlés dans notre pensée. Par exemple, l'avenir est causalement produit par nos actes dans le passé, tandis que notre façon d'agir est déterminée par notre anticipation de l'avenir et par notre réaction à cette anticipation, comme l'explique Jean-Pierre Dupuy (« Petite métaphysique des tsunami ») : « *L'événement catastrophique est inscrit dans l'avenir comme un destin, certes, mais aussi comme un accident contingent : il pouvait ne pas se produire, même si, au futur antérieur, il apparaît comme nécessaire* […] ; *tout en pensant que, tant qu'il ne s'est pas produit, il n'est pas inévitable. C'est donc l'actualisation de l'événement – le fait qu'il se produise – qui crée rétrospectivement de la nécessité.* »

Une réflexion s'impose à ce stade sur les « temps » des verbes conjugués. Dans la grammaire française, le futur antérieur (passé de l'avenir) ou l'expression de l'intention au passé (avenir du passé) a un statut curieux : intégrant futur et passé, il crée en quelque sorte un présent parallèle : ce qui aura pu être, ce qui pourra avoir été. « *Le futur antérieur : prenant le pas sur soi quant à l'avenir, on agit présentement comme si l'avenir qu'on voulait amener se trouvait déjà ici.* » (Slavoj Žižek, « Après la tragédie, la farce ! »)

La perception du temps et de la durée

Notre appréhension du temps dépend de nos expériences antérieures ou de nos attentes. Ainsi, un événement unique, vécu à un moment donné de la vie, prend une importance différente selon ce qui l'a précédé, ce qui va le suivre. Ainsi, si une année paraît beaucoup plus longue à un enfant qu'à un vieillard, ce serait la durée relative, rapportée à la durée totale de la vie vécue, qui donnerait cette impression. « *Notre sens du temps est notoirement subjectif et donc dépendant de la qualité de notre attention, qu'il s'agisse d'intérêt ou d'ennui, et de l'alignement de notre comportement en termes de routines, buts et limitations* », constatait Alan W. Watts. Il est commun, en effet, de parler de temps qui « passe lentement » lorsque nous nous ennuyons, de « l'accélération du temps » à mesure que nous vieillissons. L'évaluation que nous faisons du temps dépend de la manière dont nous le « remplissons », dont nous le « peuplons », dont nous « l'habitons ».

Selon les empiristes anglais (Locke notamment), le temps est perceptible par la succession des idées. L'idée que nous venons d'avoir, l'idée que nous avons présentement et qui va devenir passée. La perception du temps nécessite ainsi une opération de la pensée consistant à appréhender à la fois l'instant présent, l'instant passé et l'instant futur, à les penser dans leur appartenance à une même série. Chaque terme de la série étant différent, c'est ainsi que nous vient l'idée du temps, qui est liée à l'expérience de changements en nous-mêmes et autour de nous. À cette série, Etienne Klein suggère d'ajouter une « conscience intégrante » : celle-ci semble « *nécessaire à la conceptualisation d'un cours du temps continu et homogène.* »

« Continu et homogène », ces qualités impliquent les notions de durée et de mesure, qui seront traitées dans la troisième partie, « La Science ». Mais comment peut-on les ressentir si l'on ne dispose pas d'étalon ? Comment mesure-t-on la durée si l'on n'a pas d'horloge ? Comment éprouve-t-on l'« écoulement » du temps ? Si nous écoutons notre propre cœur, par exemple, comment pouvons-nous constater qu'il bat normalement, ou trop vite ou très lentement ? Même chose pour notre respiration ou tout autre phénomène physiologique. *« Nous ne connaissons aucun organe spécialisé sur lequel notre représentation du temps puisse prendre son appui. On peut naturellement faire l'hypothèse que cette représentation résulte d'une reprise en conscience de certains caractères de temporalité, inscrits dans les impressions recueillies par les organes des sens spécialisés, et tout particulièrement les impressions auditives – ainsi que de la reprise en conscience de certains rythmes dont notre corps est le siège. […] L'absence d'un organe qualifié pouvant servir à la mesure du temps pose un problème : celui de savoir comment s'établit et se maintient en nous la "visée de réalité" à laquelle le temps intuitif confère une certaine efficacité »*, a analysé Ferdinand Gonseth (« Le problème du temps »). Nous devons en effet posséder une notion absolue et intrinsèque de la durée, que d'aucuns désignent abusivement par la « vitesse d'écoulement » du temps, c'est-à-dire la vitesse des changements ressentis. Ce que les biologistes ont mis en évidence sous le nom d'« horloge biologique » qui, chez l'homme, aurait son siège dans l'hypothalamus.

Penser le temps

Nous admettons que ce manque d'organe spécialisé est pallié par la pensée. Contrairement aux autres sens, la pensée ne s'inscrit que dans le temps, et obligatoirement dans le temps (cf. « L'idée fixe » de Paul Valéry) ; elle n'a pas besoin de l'espace pour se manifester. La pensée, comme sixième sens, explore le temps de même que les cinq autres sens explorent l'espace et la matière. Les pensées (« ce qui est pensé », à l'instar de « ce qui est vu », « ce qui est perçu ») viennent de manière chaotique, et nous les organisons par rapport à la réalité perçue par les autres sens et par rapport à ce qui nous paraît utile. Par exemple, se souvenir de quelque chose est un acte plus ou moins volontaire et conscient par lequel nous organisons des pensées relatives au passé. Faire des projets, c'est partir du présent pour se projeter, par la pensée, dans l'avenir, c'est organiser nos pensées dans un avenir imaginé.

Involontairement, nous faisons une analogie entre le temps et l'espace : le temps, comme l'espace, sert à ordonner, à classer. Alors que l'espace sert à classer des objets, le temps sert à classer les événements, ce que nous approfondirons ultérieurement (cf. « Temps et mémoire, temps et prémonition » et « L'ordre du temps vécu » dans cette partie). Avant d'aborder cette notion d'ordre, nous allons nous intéresser à une caractéristique essentielle du temps perçu : le sens du temps.

Le sens du temps

Le temps a-t-il un sens ? Lorsque nous marchons à reculons, nous voyons défiler le paysage et les objets devenir de plus en plus petits à mesure de l'éloignement. Notre champ de vision est limité à l'intérieur d'un cône qui se déplace avec nous. Ce qui est extérieur au cône nous est encore inconnu, mais va progressivement être intégré dans le champ de vision. Le « temps qui passe », c'est comme si l'on avançait à reculons dans un espace qui serait le temps. La largeur et la profondeur du champ de vision correspondraient à la mémoire.

Mais, contrairement à ce qui se passe dans l'espace, nous ne pouvons pas choisir la manière de nous déplacer dans le temps : à la fois le sens et la « vitesse » de déplacement nous sont imposés. Par quoi ? Pourquoi les événements passés nous paraissent-ils définitifs – il est impossible de « revenir en arrière » –, alors que nous supposons que les événements futurs peuvent être faits et défaits à volonté ? Avec Carlo Rovelli, nous nous interrogeons : « *Le temps de notre expérience est associé à un nombre de particularités qui en font une variable physique très spéciale. Intuitivement parlant, le temps* "*s'écoule*", nous ne pouvons jamais "*revenir en arrière dans le temps*", nous nous souvenons du passé, pas du futur, etc. *D'où proviennent toutes ces particularités de la variable temps ?* » Notre esprit est infirme : il n'enregistre que dans un sens, du passé vers l'avenir. Lewis Carroll a mis en scène cette bizarrerie dans le dialogue entre Alice et la Reine Blanche ("Through the looking-glass") :

« *Alice : Living backwards ! I never heard of such a thing.*

Queen : – But there's one great advantage in it, that one's memory works both ways.

Alice : I'm sure mine only works one way. I can't remember things before they happen.

Queen : It's a poor sort of memory that only works backwards. »

[« Vivre à reculons ! je n'ai jamais entendu parler d'une chose pareille. – Mais il y a un grand avantage à cela, c'est que notre mémoire fonctionne dans les deux sens. – Je suis sûre que la mienne ne fonctionne que dans un sens. Je ne peux pas me rappeler les choses avant qu'elles arrivent. – C'est une pauvre sorte de mémoire que celle qui ne fonctionne qu'à reculons. »]

Il existe plusieurs « marqueurs » du sens du temps, nous en avons recensé quatre, mais ils sont probablement plus nombreux. Le premier de ces marqueurs est la **mémoire**, qui ne contient, en principe, que des événements passés. Le deuxième est la **connaissance** : lorsque nous recevons une information, notre état d'esprit – état de connaissance, au sens général – est modifié par rapport à ce qu'il était avant de la recevoir. Le troisième est la **causalité** : nous « savons » que toute action présente ne peut avoir d'incidence que sur le futur, pas sur le passé. Le quatrième est l'**irréversibilité** : on ne peut pas parcourir ce « trajet » dans l'autre sens et repasser par la même position en y retrouvant les éléments inchangés.

Ces marqueurs sont d'ailleurs à l'interface entre notre expérience personnelle et la science formalisée. Cette interface, rarement considérée du fait de la spécialisation des scientifiques, a cependant interpellé quelques physiciens. Par exemple, est-ce l'irréversibilité qui est à l'origine de la dissymétrie entre passé et futur, entre mémoire et prémonition, à l'origine d'une relation d'ordre (total ou partiel) entre les événements, cette relation temporelle étant l'antériorité (ou la postériorité) ? Notre expérience du temps est-elle le reflet du vieillissement biologique, une caractéristique des organismes complexes, à la frontière entre perception intime et observation scientifique ? Poincaré a réfléchi à l'existence éventuelle d'un monde final, un monde où la causalité serait remplacée par la finalité. Mais il a abouti rapidement à une destruction de l'observateur, ce qui l'a amené à penser qu'un tel monde n'était pas viable. Nous reviendrons sur ces aspects, notamment la causalité et l'irréversibilité, dans la troisième partie, « La Science ».

Pour l'heure, nous constaterons simplement que c'est surtout par le sentiment de l'irréversibilité que l'homme se sent asservi au temps. En revanche, dans l'imaginaire, toute possibilité peut être envisagée. L'observateur peut se placer à l'extérieur du monde imaginé. La critique de Poincaré ne tient donc pas pour l'imaginaire, où le « moi » n'est pas une partie du tout, mais englobe le tout.

Temps, langage et raisonnement

Le raisonnement, la logique, le discours sont sous-tendus par le langage. Celui-ci prend place dans le temps. Il y a donc une relation incontournable entre le temps et le langage, qu'il soit oral (la parole) ou écrit (le livre). Nous avons l'intuition que ce qui est dit est irréversible, et c'est encore plus vrai de l'écrit. Dans le raisonnement, nous faisons la distinction entre hypothèse et conclusion, entre prémisse et conséquence. Jean Monge relève « *deux apparences distinctes de l'irréversibilité : la conséquence* [en logique] *d'une part, le temps de l'autre.* [...] *Ainsi en logique la raison ne semble pouvoir se dérouler hors du temps de même que, comme en une symétrie, dans le monde physique le temps semble ne pouvoir se dérouler sans raison.* »

Olivier Costa de Beauregard, faisant allusion à l'espace-temps de Minkowski (cf. 4ᵉ Partie, § 2 et 3, et annexe 9) et à Bergson (« L'énergie spirituelle »), propose la métaphore du livre pour le temps : « *La conscience (ou, plus précisément parlant, l'attention à la vie) est tout entière "dans l'instant présent" ; un peu comme l'attention de qui dans un livre suit une déduction mathématique est tout entière focalisée sur le présent chaînon de l'argumentation. Bien sûr, le passé temporel dans un cas, et le passé logique dans l'autre, sont également là, présents dans la mémoire. [...] Il semble précisément qu'une part essentielle de l'attention à la vie soit [...] de maintenir cette présence du passé, comme une expérience et une leçon indispensables en vue de la suite.* » Notre appréhension du temps serait donc comparable à la lecture d'un livre imprimé, dont les successifs « états tridimensionnels du genre espace » tiendraient « *un rôle comparable à celui des feuillets du livre. Et de même que, pour s'assimiler le raisonnement, notre attention est obligée d'étudier continûment le texte dans l'ordre où il est écrit, semblablement, pour s'insérer effectivement dans "l'écriture" du cosmos quadridimensionnel, "l'attention à la vie" serait obligée de "feuilleter" continûment, dans l'ordre de la probabilité croissante, les états tridimensionnels de l'univers.* » Hans Reichenbach (« The direction of time ») fait un rapprochement analogue : « *L'antécédence logique peut être regardée comme la source d'où jaillit la notion d'activité productrice ; ce qui est logiquement antécédent apparaît (ainsi) comme l'élément déterminant.* »

Temps et mémoire, temps et prémonition

Nous revenons sur ces notions qui sont fondamentales pour notre appréhension du temps et de son « sens ». Outre le fait de percevoir le présent, notre conscience est capable d'appréhender le passé à travers la mémoire et de se projeter dans le futur via la prémonition ou le pressentiment. Ce sont des fonctions essentielles pour notre compréhension du temps, symétriques mais très différentes, comme nous allons le voir. « *Notre propre vie intérieure différencie totalement le passé du futur. Nous nous rappelons le passé, pas le futur. Nous avons une conscience différente de ce qui pourrait arriver et de ce qui a sans doute eu lieu. Psychologiquement, le passé et le futur se présentent tout à fait différemment, par exemple à travers des notions comme la mémoire ou le libre arbitre apparent, en ce sens que nous pensons pouvoir agir sur le futur alors qu'aucun, ou très peu, d'entre nous croient possible de modifier le passé. Le remords, le regret, l'espoir, etc., autant de mots qui distinguent parfaitement le passé du futur* », remarque Richard Feynman (« La nature des lois physiques »).

Nous avons vu que la mémoire joue un rôle essentiel dans notre perception du temps, c'est par elle que nous pouvons prendre conscience que le temps « passe », les événements vécus laissant une « trace ». Selon Laplace, repris par Littré, « *le temps est pour nous l'impression que laisse dans la mémoire une suite d'événements dont nous sommes certains que l'existence a été successive.* » Et c'est cette trace, le souvenir, qui fait que nous savons (ou croyons) avoir vécu les dits événements dans le passé. C'est par elle que la mémoire est étroitement liée au sens du temps et à l'irréversibilité. Plus précisément, il s'agit de traces mnésiques, des modifications structurelles, cellulaires, au niveau du cortex cérébral, qui s'élaborent sous l'influence d'un véritable système activateur sous-jacent. Ce que le physicien Gerald Feinberg résume par le postulat suivant : « *La mémoire est une trace créée par un événement physico-chimique.* » De même, lorsque nous recevons une information, lorsque nous acquérons une connaissance, il se crée des modifications plus ou moins durables du système nerveux central. En effet, tout souvenir, qu'il s'agisse d'un vécu ou d'un apprentissage mémorisé, est l'expression de traces mnésiques.

Encore plus que le passé, « *le concept du devenir n'a aucune application significative en dehors de l'humaine conscience* », souligne

A. Grünbaum (« Carnap's views »). Si cette projection dans le futur donne lieu à une perception (pensée, image, son...) précise, on parle de « prémonition ». Celle-ci nous permet de percevoir une multitude de possibilités ou de « présents possibles » dont un seul se réalisera et pourra donner lieu à mémorisation. « *Il nous est possible de voir dans le passé et d'agir dans le futur* », résume O. Costa de Beauregard. « *Nous étendons sans cesse notre vision et nous accompagnons constamment notre action. Si, par extraordinaire, la flèche de notre temps psychologique était orientée dans l'autre sens, notre vision serait déconnectée d'avec notre action.* » En poursuivant l'analogie avec le livre ou le raisonnement logique (voir paragraphe précédent), toujours selon O. Costa de Beauregard, « *il arrivera qu'un passage se détache en clair avec une certitude d'évidence ; mais, comme il lui manque alors par hypothèse son soubassement d'antécédents logiques, il semblera flotter en l'air comme un mirage.* » Semblablement, un événement futur pressenti (prémonition) ne sera pas pris au sérieux s'il n'est pas supporté par les éléments qui le relient au présent ou au passé vécus.

La différence fondamentale entre mémoire du passé et prémonition du futur, c'est que pour la première nous avons la possibilité d'établir une chronologie, c'est-à-dire une relation avec une date ou un événement concomitant, vécu et éventuellement relaté par une autre personne, tandis que pour la seconde nous ne sommes pas armés pour organiser les pensées relatives au futur lorsqu'elles se présentent « en vrac », non rattachées directement à notre idée de la réalité « vécue ». Les considérant comme irrationnelles, nous les rejetons habituellement. Cependant, dans le rêve, cette « censure » n'existe pas. Certains rêves contiennent étroitement entremêlés des « souvenirs » d'événements passés et futurs, et d'autres sans rapport avec la réalité vécue ou à vivre (voir ci-dessous, « Temps, sommeil et rêve »). « *Les phénomènes de "prémonitions de l'inconscient", inévitablement flous ou inexactes en plusieurs points de l'image, non datables parce que détachées de leur contexte solide, mais pourtant frappantes et ensuite reconnues, ne semblent en rien absurdes a priori »*, estime O. Costa de Beauregard.

Bien que, contrairement aux traces mnésiques, l'observation du cerveau ne révèle aucune trace qui pourrait être liée à la prémonition, un mathématicien anglais (Adrian Dobbs, cité par Louis Pauwels dans « Blumroch l'admirable »), reprenant les hypothèses de Feinberg et Sudarshan sur les tachyons (particules hypothétiques, plus rapides que la lumière), postule l'existence d'entités infiniment petites, particules de la conscience absolue, qu'il nomme « psitrons », lesquelles expliqueraient, entre autres phénomènes parapsychologiques, la prémonition. Pour O. Costa de Beauregard, « *la distinction passé-futur, ne pouvant plus être une propriété objective de l'univers, devient une modalité subjective de la perception consciente (mais pas nécessairement de la psychologie subconsciente).* »

Une sorte de relation d'incertitude (un peu analogue aux relations d'Heisenberg dans la théorie des quanta, dont il sera question dans la troisième partie) semble s'appliquer à un large domaine de l'expérience humaine, en particulier à celui des phénomènes psychiques et mentaux, et singulièrement à la perception du temps. Benjamin Castel souligne l'impossibilité de démontrer avec certitude l'existence ou la non-existence de la prémonition : « *Une personne recevant par voie paranormale une information sur l'avenir la concernant peut, en connaissance de cause, modifier les événements correspondants, soit dans le sens de la prémonition, ce qui la confirmerait, soit dans le sens contraire, ce qui l'infirmerait. Si cette information concerne une autre personne, la première peut soit lui en faire part, et alors celle-ci réagira en conséquence pour son propre avenir, soit la garder pour lui et nul ne pourra alors prouver que l'information était antérieure à l'événement réel. Il est impossible de connaître simultanément l'information prémonitoire et l'événement correspondant dans toute leur intégrité.* »

Temps, sommeil et rêve

Le temps de la conscience, dont nous avons traité jusqu'ici, est le temps de la veille. Dans le sommeil, dans le rêve, comme dans l'imagination, le temps paraît être de nature différente de celle de l'état de veille normal. Le sommeil nous offre des expériences singulières du temps. Dans le sommeil profond, le temps n'existe pas du tout. En nous réveillant d'un tel sommeil, nous n'avons aucun moyen direct pour évaluer le temps passé à dormir. Si nous ne pouvons échanger avec l'extérieur, seul notre état au réveil (reposé, somnolent, encore fatigué…) peut nous renseigner sur la durée probable du sommeil.

Dans les rêves, la notion de temps est toujours fortement perturbée. Non seulement la durée – nous croyons évaluer un temps beaucoup plus long que dans l'état de veille – mais également l'ordonnancement des événements dans le temps peuvent être singuliers. Les images du rêve sont en dehors de la temporalité. Le cerveau endormi n'a plus de repères temporels. Le temps du rêve est discontinu, irrationnel, dégradé. Au réveil, la personne qui a rêvé cherche à donner une continuité, un ordre à cette suite d'images mentales : « *Un rêve m'est donné, au réveil, comme un tableau "futuriste", c'est-à-dire comme un ensemble de données fragmentaires qui chevauchent les unes sur les autres ; je ne puis le raconter à autrui, je ne puis me le raconter à moi-même qu'en y introduisant un certain ordre, en versant en quelque sorte l'espace dans le temps, substituant la succession des moments à la juxtaposition des images* », remarque Léon Brunschwicg, cité par G. Gusdorf. J.L. Borges complète : « *Dans l'état de veille, nous parcourons la succession du temps à une vitesse uniforme ; dans le rêve nous embrassons une zone qui peut être extrêmement vaste. Rêver, c'est coordonner les grands aperçus de cette contemplation et ourdir une histoire ou une série d'histoires.* » Et dans cette histoire, nous pouvons retrouver des éléments du passé ou du futur, comme le pense J.W. Dunne (« An Experiment with

Time ») : « *Certains rêves sont interprétables par la mémoire, d'autres par la prémonition.* »

Car le sens du temps n'est pas une donnée établie dans le rêve. Le temps peut y être inversé. Rappelons par exemple le célèbre « rêve de la guillotine » d'Alfred Maury, repris par des neurobiologistes : « *Maury rêve qu'il vit sous la Terreur. Après de nombreuses péripéties, il est arrêté, jugé, exécuté. En tombant, le couperet de la guillotine le réveille. En fait, Maury a été réveillé par la chute d'une flèche de rideau. Cette chute l'a donc réveillé et, à moins d'une coïncidence invraisemblable, il faut supposer que le choc inattendu a provoqué le déroulement presque instantané (mais à rebours) d'une histoire complexe.* » Dans le rêve, des notions comme « ici et là », « avant et après » ne sont pas essentielles. « *À mesure qu'on s'éloigne de la conscience cette relativité semble s'élever jusqu'à la non-spatialité et une intemporalité absolues* », explique Carl Gustav Jung dans « Ma vie, souvenirs, rêves et pensées ».

D'ailleurs, comment distinguer une expérience passée faite à l'état de veille et un rêve que l'on se remémore ? « *Notre passé, qu'est-il d'autre qu'une suite de rêves ? Quelle différence peut-il y avoir entre se rappeler des rêves ou se rappeler le passé ?* », s'interroge encore J.L. Borges. Et l'on ne peut s'empêcher d'évoquer l'histoire du fameux rêve de Tchouang-tse, telle qu'elle est rapportée par Borges : « *Tchouang-tse rêva qu'il était un papillon, et pendant ce rêve il n'était pas Tchouang-tse, il était un papillon. Comment, si nous abolissons l'espace et le moi, relierons-nous ces instants à ceux du réveil et à l'époque féodale de l'histoire chinoise ? Cela ne veut pas dire que nous ne saurons jamais, même de façon approximative, la date de ce rêve ; cela veut dire que la date attribuée à un événement, à n'importe quel événement du monde, lui est étrangère, est extérieure à lui.* »

La mémoire qui unit les trois états (veille, rêve, sommeil profond) n'est pas la mémoire temporelle car ces états appartiennent à des séries différentes du temps et de la durée, et n'ont pas de commune mesure.

Temps et conscience : intégration et superposition

Les sentiments instantanés sont imperceptibles, et ne deviennent perceptibles que lorsqu'ils sont passés : « *J'ai reconnu le bonheur au bruit qu'il a fait en tombant* », écrit Raymond Radiguet. Pour les bouddhistes (Nyâyabindutîkâ), le moment individuel est tout à fait inaccessible à la conscience. En revanche, la série des moments réunis, reconstituée et réintégrée, peut être représentée dans la pensée, à l'instar de la Rome telle qu'elle est décrite par Freud (cf. ci-dessus, « Temps et identité »). D'après Dharmakirti, les moments discontinus s'unissent en séries dans notre conscience ; l'unité d'une telle série n'existe que grâce à notre conscience, qui rassemble les moments discontinus en série. Seules les séries de moments ainsi réunis constituent pour notre conscience la matière d'une connaissance déterminée.

Les sensations, les pensées qui nous relient au passé, nous les attribuons à notre mémoire. La mémoire, c'est une pensée qui a l'air de venir du passé et devient présente. En devenant présente, elle se superpose à la conscience présente. Il peut ainsi y avoir superposition de plusieurs états mémorisés. C'est la pensée ordonnatrice appliquée à la mémoire qui rend possible l'organisation des moments individuels vécus en une suite linéaire, comportant un début et une fin, un déroulement dans le temps. « *La mémoire nous abandonnerait vite si elle n'était que commémoration passive. En fait elle s'accompagne d'un travail rétrospectif d'organisation pour lequel, aussi bien que pour la systématisation de l'avenir en vue de l'action, apparaissent, tendus et mis en œuvre, tous les ressorts de l'activité intellectuelle* », estime Léon Brunschvicg, cité par G. Gusdorf. C'est donc la capacité intégrative de la conscience, et elle seule, qui nous permet d'imaginer qu'existe un « cours du temps ». Intégration que J.W. Dunne, cité par Jorge Luis Borges (« Autres inquisitions »), étend aussi au futur : « *L'avenir, dans ses détails et ses vicissitudes, existe déjà.* […] *Dans ces temps hypothétiques ou illusoires habitent interminablement les sujets imperceptibles que multiplie le regressus psychologique.* » Et J.L. Borges d'ajouter plus loin : « *Les théologiens définissent l'éternité comme la possession simultanée et lucide de tous les instants du temps, et ils en font un des attributs de la divinité.* »

L'ordre du temps vécu

La pensée immédiate (présente) n'est pas linéaire, elle ne s'exprime pas par la parole (si ce n'est par les symboles) et ne suit pas un ordre déterminé. L'ordre du temps n'est perceptible que dans le passé ou le futur immédiats, dans la mesure où il s'inscrit dans un « moment » ou un « instant » proches du présent, c'est-à-dire une faible durée évaluable subjectivement et où sont perceptibles des relations de cause à effet, réelles ou supposées. Par exemple, nous ordonnons les sons perçus suivant une série déterminée par leur survenue dans le temps, pour reconnaître un mot, une phrase, une mélodie. Nous pressentons le futur immédiat lorsque nous donnons un coup de pied dans un ballon pour le lancer ou lorsque nous inclinons une cruche pour remplir un verre.

Dans le passé ou le futur plus lointains, plus aucun ordre n'est attaché au temps subjectif. Le passé est remémoré parce que des événements vécus surgissent dans la pensée présente par le truchement de la mémoire. Si le souvenir est habituellement pensé comme une référence au passé, il n'est en fait qu'un passé rendu présent, donc un présent. Mais c'est un présent qui rend compte d'événements du passé et qui met en exergue une éventuelle différence de nature entre passé et présent. Dans la mesure où il établit un lien entre présent et passé, quel que soit ce lien, le fonctionnement de la mémoire est donc un phénomène incontournable à étudier pour comprendre le temps tel qu'il est perçu.

En aucune façon, pour se remémorer quelque chose, nous ne devons dérouler un fil, comme si les moments s'alignaient à l'instar des perles d'un collier, ni dévider une bande comme celle d'un magnétophone, ni encore remonter le cours du temps, comme si c'était une rivière. Cette image si communément admise d'un flux ininterrompu ne s'applique pas du tout au temps tel que nous le percevons réellement. Contrairement à ce que pourrait suggérer l'expression « cours du temps », nous ne nous remémorons pas les événements passés de manière linéaire et continue. Notre mémoire apparaît plutôt comme une constellation d'événements dont certains seulement présentent un lien entre eux. Par exemple, des souvenirs de petite enfance ne sont pas moins accessibles que ceux de l'an dernier, ou d'hier, et il n'est pas nécessaire de « dérouler » le passé pour y accéder. L'accès est instantané, et deux souvenirs « éloignés dans le temps » peuvent se retrouver tout proches dans la mémoire, par exemple deux voyages dans le même pays, ou mon anniversaire de quatre ans (vécu par moi il y a plus de 50 ans) et celui d'un petit enfant qui a eu lieu il y a quelques jours. Seule la réflexion et la raison permettent d'organiser les événements en une succession temporelle. Pour avoir conscience du temps comme d'une succession ordonnée d'instants, il suffirait « *qu'à chaque instant* [de notre vie] *corresponde un certain état de notre cerveau, formé de souvenirs du passé et d'espérances du futur, qui relie ensemble tous les instants de notre vie de façon à former un tout cohérent* » (Benjamin Castel, « Chronotopie »). Nous voilà donc bien éloignés du temps « continu et homogène » de la physique classique (cf. ci-dessous, 3ᵉ partie, « La Science »).

Intermède
Les donneurs de temps (2-3)

« *L*e temps est une abstraction à laquelle nous parvenons par le moyen des changements de choses. »
(Ernst Mach, 1883)

« Nous avons des accointances intimes avec la nature du temps : c'est ce qui fait qu'il déjoue notre compréhension. »
(Arthur Eddington)

« Il n'y a aucune différence entre le temps, quatrième dimension, et l'une quelconque des trois dimensions de l'espace, sinon que notre conscience se meut avec elle. »
(H.G. Wells)

« Si l'on voulait étudier le détail de l'évolution, on se rendrait compte qu'un autre enchaînement temporel doit être placé dans l'entre-nœud. L'évolution a une histoire. Il n'y a donc pas de déterminisme sans un choix, sans une mise à l'écart des phénomènes perturbants ou insignifiants. »
(Henri Bergson)

« Chaque instant est un recommencement qui abolit les instants précédents et qui instaure une nouvelle donne. »
(Pierre Sansot)

« C'est nous – la divinité indivise qui opère en nous – qui avons rêvé l'univers. Nous l'avons rêvé solide, mystérieux, visible, omniprésent dans l'espace et fixe dans le temps. »
(Jorge Luis Borges)

« On ne voit jamais le temps. Nous voyons seulement son effet dans nos montres. Si vous dites que cet objet bouge, vous voulez en fait dire que l'objet est à tel endroit quand l'aiguille de votre montre est ici, et ainsi de suite. Nous disons que nous mesurons le temps avec une montre, mais nous ne voyons jamais que les aiguilles d'une montre, pas le temps lui-même. Et les aiguilles d'une montre sont des variables physiques comme n'importe quelle autre. Aussi, dans un sens, nous trichons car ce que nous voyons réellement ce sont des variables physiques, elles-mêmes fonction d'autres variables physiques, mais nous nous les représentons comme si tout évoluait dans le temps. »
(Carlo Rovelli)

« Death came to him so quickly that the flies
In the room were unaware that he was dead,
Which is usually not the case. »
(Merril Moore, « Sonnets »)

« Nous ne pouvons comparer aucun processus à l'écoulement du temps – celui-ci n'existe pas – mais rien qu'à un autre processus (soit, par exemple, au mouvement du chronomètre). »
(Ludwig Wittgenstein, « Tractatus Logico-Philosophicus »)

« L'esprit de l'homme est capable de tout – car toute chose est en lui, aussi bien tout le passé que tout l'avenir. »
(Joseph Conrad, « Au cœur des ténèbres »)

« Nous arrivons à la notion de temps par le rapport entre le contenu du domaine de notre mémoire et le contenu du domaine de

notre perception externe. Lorsque nous disons que le temps s'écoule dans une direction ou un sens défini, cela signifie simplement que les événements physiques (et par conséquent aussi les événements physiologiques) se passent dans un sens défini. »
(Ernst Mach)

« De même que la notion de température n'a aucun sens si l'on considère un système constitué d'un petit nombre de particules, de même il est probable que la notion d'écoulement du temps n'a de sens que pour certains systèmes complexes, qui évoluent hors de l'équilibre thermodynamique, et qui gèrent d'une certaine façon les informations accumulées dans leur mémoire. »
(Thibault Damour)

« Le passé est une séquelle de notre conception du temps signifiant plutôt l'actualisé. Le témoignage de cette actualisation serait la répétition dans le passé. »
(Jean Monge)

« La simultanéité n'est jamais qu'une convention, rien de plus qu'une coordination d'horloges par échange de signaux électromagnétiques prenant en compte le temps de parcours du signal. »
(Raymond Poincaré)

« Au demeurant, dans les villes mêmes, les horloges tombent souvent en panne et il arrive qu'il faille attendre longtemps avant de trouver quelqu'un sachant les remettre en marche, jamais régulière. »
(Krzysztof Pomian)

« Si tout sur Terre était rationnel, rien ne se passerait. »
(Fiodor Dostoïevski)

« Mon intention est d'établir une science très nouvelle, traitant d'un sujet très ancien. À travers l'expérimentation, j'ai découvert quelques-unes de ses propriétés qui sont dignes d'être connues. »
(Galileo Galilei, « Les Discorsi », d'après Bertolt Brecht)

Troisième partie

La science

*D*ANS cette partie, nous limiterons l'aspect scientifique aux sciences exactes (physique, astronomie, mathématiques), en excluant le domaine des sciences humaines largement traité précédemment (historique, philosophique, littéraire, artistique dans la première partie « Le Mythe », et psychologique ainsi que biologique, dans la deuxième partie « L'Expérience »). Même s'il est parfois difficile de distinguer l'expérience humaine et la démarche scientifique, comme le souligne Norbert Elias – « *La synchronisation de leur comportement avec les horloges et les calendriers a été poussée à un tel point qu'ils* [les hommes] *en sont venus à ressentir effectivement leur conscience du temps comme une mystérieuse composante de leur propre nature.* » –, et si certains points abordés dans cette partie ont le même intitulé que dans la précédente, nous verrons que leur contenu est bien différent.

Cette troisième partie requiert évidemment de la part du lecteur un minimum de connaissances en physique classique et des notions assez élémentaires en mathématiques, même si nous nous sommes efforcés de reléguer en annexes la plupart des formules – lorsqu'elles ne contribuent pas immédiatement à la compréhension de l'ensemble.

Du fait de la longueur et de la relative complexité de cette partie, nous l'avons scindée en six chapitres : 1. **Introduction au temps scientifique** – 2. **La mesure du temps** – 3. **Le sens du temps en physique ou « flèche du temps »** – 4. **Temps et physique moderne** – 5. **Temps et univers** – 6. **Considérations sur le temps scientifique**.

Chapitre Un

Introduction au temps scientifique

Le temps scientifique n'est pas le temps expérimenté – Le temps pris comme référentiel.

Nous pouvons faire remonter la première intention d'étude scientifique, clairement affirmée, à l'antiquité avec Platon, pour lequel le temps est une question de mouvement ordonné, régulier, identifié au mouvement des astres, et avec Aristote, qui énonce les premières propriétés et définitions connues du temps : « *Il n'y a pas de temps sans changement* » et « *Le temps est le nombre du mouvement.* »

Sans cesse, au cours de cette étude, et singulièrement dans cette troisième partie, nous tâcherons de rester vigilants par rapport aux conventions, aux préjugés et aux idées toutes faites, sachant que l'enseignement traditionnel des lois scientifiques et les *a priori* encouragés par les abus de langage ont si profondément influencé notre manière de concevoir le temps que nous sommes enclins à ne plus regarder que la face de la réalité qui est conforme à ces préceptes.

Le temps scientifique n'est pas le temps expérimenté

Rappelons que toute étude scientifique se fonde premièrement sur l'observation, et deuxièmement sur la possibilité d'expérimenter. Or ces deux conditions sont impossibles à réaliser avec le temps : (1) L'observateur est inclus dans l'objet de son étude ; il lui est impossible d'en sortir pour trouver un point de vue « objectif ». (2) Le temps « passe », et ne peut donc être ni arrêté ni reproduit aux fins d'observation ou d'expérimentation.

Pourtant les scientifiques ont l'habitude de manipuler une variable qu'ils appellent « temps ». La physique classique fait, en effet, une large utilisation du paramètre temps dans son effort d'expression, d'unification et de généralisation des lois de la nature [cf. ANNEXE 3]. Or comment peut-on vouloir unifier les lois de la nature, ce qui est l'objectif ultime des physiciens, sans se préoccuper de l'unification des concepts utilisés, en l'occurrence le temps ? D'où les contradictions et les incohérences que la présente étude ne manquera pas de mettre au jour. Indépendamment des questions de synchronisation, posées et plus ou moins résolues par la théorie de la relativité, nous verrons en effet que le temps n'est pas le même pour tous les domaines de la physique : à l'échelle subatomique, à l'échelle cosmologique et à l'échelle humaine. « *Il est probable que le temps n'existe sous la forme que nous lui connaissons qu'à notre échelle* », estime Benjamin Castel (« Chronotopie »).

Dans le discours scientifique, les expressions « passé » et « futur » sont généralement remplacées par les relations « avant » et « après », avec des intervalles exprimés en valeurs numériques, positives ou négatives. Les physiciens ont, en effet, l'habitude de représenter le temps comme une variable t sur un axe, comme s'il était évident que le temps est un continuum homogène, ordonné et linéaire, ce qui permet sa mesure. Conventionnellement, ils placent « avant » à gauche et « après » à droite d'un événement situé sur cet axe. Quant à la notion de « présent » ou « maintenant », essentielle dans l'expérience de chacun, comme nous venons de le voir dans la deuxième partie, elle n'a pas de statut particulier en physique. Elle peut être remplacée par la notion de « simultanéité », une notion discutable et ne correspondant pas à la réalité physique, comme l'a démontré Einstein dans la théorie de la relativité restreinte. Lequel

Einstein avoua un jour à son ami Rudolf Carnap que le problème du « maintenant » le préoccupait sérieusement, « *qu'il y a quelque chose d'essentiel à propos du "maintenant" qui est juste en dehors du domaine de la science* », rapporte Carnap.

Le temps pris comme référentiel

Le temps (ou l'espace-temps) est considéré comme le cadre utilisé par les physiciens pour écrire leurs équations. Pour cela, les scientifiques lui confèrent un caractère absolu, de même qu'à l'espace, afin de pouvoir y placer les événements qu'ils décrivent. Ils le supposent continu, homogène et uniforme. Ce sont ces caractéristiques qui permettent de dater tout événement (continuité), donnent à tous les instants le même statut (homogénéité) et entraînent l'invariance des lois physiques au cours du temps (uniformité).

L'espace et le temps (ou l'espace-temps), ainsi que ces hypothèses de base, sont des concepts indispensables à toute démarche scientifique, pour rendre compte de la présence des objets et du déroulement des phénomènes. L'espace est le cadre de la réalité physique. On peut admettre qu'il s'agit d'un espace tridimensionnel (3D) pour la réalité statique. Lorsqu'on étudie la réalité dynamique (mouvante et changeante), en particulier la mécanique, qui est l'étude du mouvement des corps, les physiciens ont pris l'habitude de la décrire par des fonctions de l'espace et du temps. D'où la tentation de considérer le temps comme une dimension analogue aux dimensions spatiales, une quatrième dimension, à laquelle sont appliquées un certain nombre de caractéristiques de l'espace. Et cela, même en physique classique, dans la mesure où le mouvement d'un corps dans l'espace peut être décrit par une équation à quatre variables : x, y, z, t. La position du corps, à un instant donné, étant une projection de cet espace 4D dans l'espace 3D classique.

Les équations de la relativité restreinte intègrent le temps de la même manière que les trois coordonnées de l'espace, à ceci près qu'il est étroitement lié aux variables d'espace par la métrique d'espace-temps ($x^2 + y^2 + z^2 - c^2t^2$), laquelle se substitue à la métrique d'espace de la physique classique ($x^2 + y^2 + z^2$). Dans le formalisme relativiste, le temps est ainsi traité à égalité avec les variables d'espace, au facteur c près (c étant la vitesse de la lumière, exprimée par une longueur divisée par un temps, ct s'exprimant donc comme une longueur, à l'instar de x, y et z), et à la différence que cette variable est toujours précédée du nombre imaginaire i (dont le carré est égal à -1) dans les équations relativistes, de sorte que nous obtenons : $(ict)^2 = -c^2t^2$.

Nous allons, dans les pages qui suivent, nous attarder sur deux aspects problématiques, tels qu'ils sont traités (ou non) par les scientifiques : **la mesure du temps** et **la flèche du temps**.

Chapitre Deux

La mesure du temps

Possibilité/impossibilité d'une mesure – Une unité de mesure – Mesurer la durée – À la recherche d'un temps « absolu » – Définition astronomique – Définition relativisto-quantique – L'uniformité du temps en question – Chronologie, tautologie et autoréférence – La mesure du temps n'est pas le temps.

Possibilité/impossibilité d'une mesure

Nous ferons l'hypothèse, avant d'aborder son étude scientifique, que le temps est une réalité observable. Pour fixer les résultats d'observations, on tentera de traduire ceux-ci en nombres, ce qui implique de choisir une unité : on effectuera ainsi une « mesure » qui consiste à comparer l'objet à l'unité choisie (étalon). En effet, lorsque nous mesurons une longueur ou une distance dans l'espace, nous pouvons prendre par exemple un bâton, que nous avons choisi comme unité, et le déplacer le long de l'objet à mesurer autant de fois que nécessaire, jusqu'à ce que la longueur totale de l'objet, de son origine jusqu'à son extrémité, soit couverte. Nous ne pouvons pas faire de même avec le temps. Quand un intervalle de temps s'est écoulé, il est perdu. Nous ne pouvons donc pas mesurer un tel intervalle, puisqu'il faudrait mesurer simultanément son origine (qui est passée) et son extrémité (présente ou non encore advenue), ni, à plus forte raison, comparer des intervalles de temps entre eux.

Nous ne pouvons le faire, comme l'explique Georges Lochak, « *que par un biais très compliqué qui consiste à observer des phénomènes répétitifs dont nous avons l'impression qu'ils reviennent identiques à ce qu'ils avaient été précédemment et en admettant le postulat implicite qu'entre deux phénomènes identiques s'écoule toujours un même intervalle de temps.* »

Le signe d'objectivité de la mesure d'une grandeur, c'est – ce doit être – son universalité. C'est-à-dire que, quels que soient les instruments de mesure envisagés et quels que soient les procédés utilisés pour les réaliser, leurs échelles temporelles doivent pouvoir être durablement synchronisées. Or cela est proprement irréalisable pour les différentes raisons suivantes. (1) Effectuer une mesure en physique classique consiste à attribuer une valeur numérique à la grandeur physique étudiée dans des conditions données. On admet que deux mesures d'une même grandeur, effectuées dans les mêmes conditions, aboutissent à la même valeur numérique. Mais pour le temps, ou toute grandeur dérivée du temps (durée, vitesse, etc.), de par la nature même de celui-ci, il est impossible de faire deux mesures successives de la **même** grandeur. (2) Autre difficulté à laquelle nous sommes confrontés dans la mesure : il n'est pas possible de mesurer une durée, c'est-à-dire un intervalle de temps, en une seule opération. Deux mesures sont nécessaires, précisément séparées par le dit intervalle de temps.

Une unité de mesure

Avant la mesure, le premier stade de l'évaluation est la comparaison à un référentiel : « plus grand », « plus court », « moins fort », etc. Ce qui suppose qu'il existe un référentiel pour la grandeur que nous voulons évaluer, c'est-à-dire une grandeur de la même « espèce », car seules des grandeurs de la même espèce peuvent être comparées. À titre d'exemple, dans tout objet de la perception, une qualité peut être sélectionnée aux fins d'évaluation : sa grandeur, sa couleur, sa température, sa position, etc. Si nous nous intéressons à la couleur, le référentiel devra évidemment être d'une couleur comparable à l'objet considéré : si l'objet est rouge et le référentiel bleu, il ne sera généralement pas possible de déclarer lequel des deux est plus clair que l'autre. Lorsque les grandeurs peuvent être comparées, le rapport de celle associée à l'objet, à la grandeur du référentiel fournit un nombre. Les termes « long », « petit », « rapide », « lourd », « éloigné », « chaud »… ne signifient rien s'ils ne sont rapportés à une grandeur donnée de référence ou étalon : une unité. Les scientifiques définissent une grandeur de référence pour chaque type de mesure, grandeur qu'ils appellent « unité ». Cette comparaison est une mesure, et le nombre obtenu le résultat de la mesure. La notion d'unité est ainsi étroitement liée à celle de mesure. Des nombres sont associés à toutes les grandeurs, ce sont eux qui permettent de préciser les données fournies par les organes des sens.

Pour mesurer des grandeurs spatiales, les hommes ont d'abord eu l'idée de les comparer à des parties du corps : le pied ou le pouce sont toujours utilisés comme unités dans les systèmes anglo-saxons, même si ces unités ont été normalisées relativement au système international d'unités (le mètre pour la longueur, le kilogramme pour la masse, etc.). Le corps humain peut aussi fournir un référentiel pour le temps. Ainsi, Galilée, dans son étude de la chute des corps, réalise un dispositif expérimental pour lequel les battements du cœur (le pouls) constituent un étalon de temps : « *L'expérience était recommencée plusieurs fois afin de déterminer exactement la durée du temps, mais sans que nous découvrîmes jamais une différence supérieure au dixième d'un battement de pouls.* » Mais les hommes ont plutôt cherché ce référentiel à l'extérieur d'eux-mêmes en choisissant le passage du jour à la nuit et de la nuit au jour. Ils en ont fait une unité de temps appelée « jour solaire ». Les astronomes ont découvert un mouvement plus subtil et apparemment plus régulier, celui des astres qu'ils voyaient repasser toutes les nuits aux mêmes endroits, été comme hiver, et ils ont substitué au jour solaire une unité indépendante de la saison, le « jour sidéral ». Pour disposer d'une unité de temps plus accessible et plus maniable, les anciens ont choisi la durée que met un récipient donné, dans une position donnée, à se vider. Ils avaient inventé le sablier ou la clepsydre. Plus tard, on a recherché des subdivisions de ces unités (heures, minutes, secondes, etc.), subdivisions inscrites au cadran des horloges. Dans le cas de la clepsydre ou du sablier, le temps s'écoule sans commentaire avec l'eau ou le sable de l'horloge ; dans le cas de l'horloge mécanique, le temps est commenté, compté, découpé, à l'instant près.

Mesurer la durée

Nous avons vu que la mesure du temps implique l'hypothèse qu'il existe un temps de référence, non pas au-delà des phénomènes, mais cependant au-delà de tel phénomène particulier choisi pour le mesurer. Ce temps de référence ne serait pas introduit par convention, que le seul respect de cette convention maintiendrait en usage. S'il existe, c'est un temps « objectif », dont l'objectivité se constitue et s'affirme progressivement par l'accord entre les façons de le mesurer et les résultats des mesures. D'où l'importance d'expliciter la méthode de mesure.

Lorsque nous mesurons un intervalle entre deux instants ou entre deux événements, c'est-à-dire une durée, nous rappelons et soulignons qu'il est nécessaire de procéder en deux opérations, précisément séparées par le dit intervalle de temps. La difficulté de la mesure provient essentiellement de ce que le temps n'a pas d'étendue et que, comme dit Leibniz, l'on refuse l'existence à ce qui n'a point d'étendue. Nous sommes donc réduits à postuler un rapport entre le temps et un concept doué d'étendue. Le temps se manifestant visiblement dans les êtres vivants, et plus généralement dans tout ce qui se meut ou se transforme, l'idée première est de mettre en évidence un rapport entre temps et mouvement. Donc, pour mesurer une durée, on mesure soit un mouvement, caractérisé par une vitesse, c'est-à-dire une distance parcourue dans un temps donné, soit un changement régulier, qui se traduit en physique par une période (durée supposée fixe).

À la recherche d'un temps « absolu »

Or de quel droit peut-on affirmer que la durée du « jour sidéral » ou que celle que met à sablier à se vider ne varie pas ? Lorsque nous comparons entre eux ces différents étalons, en effet leur rapport est sensiblement constant. De même, le mouvement d'aller et retour d'un balancier peut être comparé à ces étalons : lui aussi est supposé constant. Et c'est ce dernier mouvement qui a donné naissance à nos pendules et nos montres. Plus tard, un autre mouvement périodique plus précis a été choisi comme étalon, celui de la vibration d'un certain type d'atome dans certaines conditions. Mais cela ne répond pas mieux à notre questionnement. Nous retiendrons seulement le fait remarquable que les mesures effectuées avec ces différents étalons donnent des résultats à peu près concordants. Ce que Gilles Lapouge (« Utopie et civilisations ») explique par le fait que les appareils de mesure du temps (sablier, horloge à eau…) réalisent *« une homologie parfaite entre deux phénomènes physiques : la course du soleil et le glissement d'un corps dans un appareil (sable ou eau). »*

Ces considérations nous incitent à penser qu'il existe un temps « absolu », et des chercheurs ont essayé de définir celui-ci. À ce jour, il existe au moins deux tentatives de définition du temps « absolu » : l'une est issue de la physique classique, et plus précisément de l'astronomie ; l'autre est de nature microphysique et liée à la fois à la mécanique quantique et à la théorie de la relativité.

Définition astronomique

La première tentative découle du principe suivant posé par Newton : « *Le temps absolu, vrai et mathématique, en lui-même et de sa propre nature, coule uniformément sans relation à rien d'extérieur, et d'un autre nom est appelé Durée. Le temps relatif, apparent et vulgaire est une mesure quelconque, sensible et externe de la durée par le mouvement (qu'elle soit précise ou imprécise) dont le vulgaire se sert ordinairement à la place du temps vrai : tels, l'heure, le jour, le mois, l'année.* » Cette définition fait référence à un temps issu de l'astronomie, comme le précise le physicien Julian Barbour : « *Le temps absolu, en astronomie, se distingue du relatif, par l'équation astronomique.* »

La définition astronomique a évolué pour devenir de plus en plus précise et abstraite. Alors que les premières mesures du temps étaient basées sur le mouvement du soleil, plus exactement le déplacement de l'ombre d'un axe sur un cadran au cours de la journée, les observateurs ont décrété que la durée de ce « jour solaire » variait au cours de l'année, et l'ont remplacé par un « jour sidéral », dont la durée est l'intervalle entre deux instants où les étoiles occupent les mêmes positions dans le ciel.

Toujours lié à l'observation du ciel, un temps plus fondamental, le « temps d'éphéméride » est déduit des équations décrivant les mouvements des planètes. En effet, l'un des résultats les plus fondamentaux de la dynamique est que la somme de l'énergie potentielle V et de l'énergie cinétique T d'un système est constante (E).

Ce qu'on peut écrire :

$$T + V = E$$

où $T = \sum \frac{1}{2} m_i (dx_i/dt)^2$

et $V = - G \sum m_i m_j / r_{ij}$

($\sum$ désignant la sommation sur toutes les particules, V étant la somme de toutes les énergies potentielles liées à l'interaction entre deux particules i et j, de masses respectives m_i et m_j, et distantes de r_{ij}, G désignant la constante gravitationnelle, et dx_i/dt étant la vitesse de la particule i),

d'où nous pouvons extraire une variation de temps :

$$dt = [m_i \, (dx_i)^2/2(E-V)]^{1/2} \quad (*)$$

soit : $dt = [m_i \, (dx_i)^2/2(E+G \sum m_i m_j/r_{ij})]^{1/2}$

Nous constatons que le deuxième terme de ces deux égalités ne contient plus le paramètre t. Le temps dérivé de l'équation (*) est appelé « temps d'éphéméride ». Connaissant les positions des corps célestes, dt est déduit de ces positions. Ce « temps » émerge réellement de positions observées d'objets. Il peut être « lu » dans le ciel. Nous pouvons en déduire que les astres fournissent une horloge naturelle. Le temps se réduit ainsi à une fonction des masses (m_i), déplacements (dx_i), distances (r_{ij}) et des constantes E et G. Il n'est possible de définir ce temps que parce qu'il y a mouvement des astres.

La question qui se pose ensuite est de comprendre pourquoi les horloges naturelles peuvent « marcher » à la même allure. Question résolue par l'astronome Clémence et la définition qu'il a donnée du temps et d'une horloge (1957). Il définit un chronomètre comme *« un mécanisme pour mesurer le temps qui est continuellement synchronisé aussi précisément que possible avec le temps des éphémérides. »* De plus, toujours d'après Clémence, les chronomètres faits par l'homme (horloges artificielles) sont tous synchronisés sur le temps d'éphéméride du système solaire. Cette acception de l'horloge marque un progrès par rapport à la définition d'Einstein (1910) qui la réduit à *« quelque chose qui est caractérisé par un phénomène passant périodiquement par des phases identiques de sorte que nous devons supposer, par le principe de raison suffisante, que tout ce qui arrive dans une période de temps donné est identique à tout ce qui arrive dans une période arbitraire.* » En effet, la définition d'Einstein n'est pas satisfaisante car un système ne passe jamais exactement par les mêmes phases, c'est donc une idéalisation qui cache la vraie nature du temps. De plus, cette définition ne dit rien de ce qui se passe dans l'intervalle entre deux phases.

Définition relativisto-quantique

Une autre tentative pour définir une unité de temps fondamentale se fonde sur les théories de la relativité générale et de la mécanique quantique. Des physiciens ont émis l'hypothèse qu'il existe une constante de temps, qui définirait en quelque sorte un temps atomique ou un « quantum » de temps, en partant des constantes de la physique. Ces constantes sont : **G** (constante gravitationnelle), **h** (constante de Planck) et **c** (vitesse de la lumière), qui s'expriment approximativement, dans le système d'unités international [m (mètre) unité de longueur, kg (kilogramme) unité de masse, s (seconde) unité de temps] :

$$G \approx 6{,}67 \cdot 10^{-11} \text{ m}^3 \cdot \text{kg}^{-1} \cdot \text{s}^{-2}$$
$$h \approx 6{,}62 \cdot 10^{-34} \text{ m}^2 \cdot \text{kg} \cdot \text{s}^{-1}$$
$$c \approx 3 \cdot 10^8 \text{ m} \cdot \text{s}^{-1}$$

Si les valeurs numériques sont approximatives, ce sont les unités et les ordres de grandeur qui nous intéressent, puisqu'en combinant ces constantes, nous pouvons faire apparaître une valeur ne contenant que l'unité de temps, exprimée en secondes (s) :

$$(Gh/c^5)^{1/2}$$

qui vaut environ 10^{-43} s, ce qui est vraiment très petit mais pas nul.

Alors que le temps des éphémérides fournit des repères, à l'instar des degrés de température, cette dernière formule définit une unité absolue, laquelle représenterait un « grain de temps » ou un

« atome de temps », c'est-à-dire le plus petit intervalle possible, en-dessous duquel le temps n'existerait plus. L'existence d'une telle unité implique une structure « granulaire » du temps, et donc sa discontinuité.

L'uniformité du temps en question

Les scientifiques fondent leurs théories sur le postulat suivant : un phénomène reproduit dans des conditions identiques devra se dérouler de façon identique. Autrement dit : nous déclarons uniforme un temps par rapport auquel les lois des phénomènes ne varient pas au cours du temps. L'homogénéité et l'uniformité du temps, au lieu d'être une caractéristique fondamentale, ne sont qu'un postulat qui demanderait à être démontré.

Et si le temps n'était pas uniforme ? Dès 1687, Isaac Newton, dans ses commentaires sur les pratiques astronomiques (*Philosophiae Naturalis Principia Mathematica*), discutait de la durée dans le cadre de la mécanique et de la nature des horloges, se demandant en particulier : comment peut-on affirmer qu'une seconde d'aujourd'hui est égale à une seconde d'hier ? « *Le temps absolu, vrai et mathématique, en lui-même et par sa propre nature, s'écoule également* [uniformément] *sans relation avec l'extérieur, et est également nommé durée : le temps relatif, apparent et commun est une mesure sensible* [observable] *et externe de durée par le moyen du mouvement, qui est utilisé communément au lieu du temps vrai ; ainsi en est-il d'une heure, un jour, un mois, une année.* » Question relayée par Ernst Mach deux siècles plus tard (1883) : « *Un mouvement peut être uniforme par rapport à un autre, mais se demander si un mouvement est uniforme en soi n'a aucune signification. Parler d'un "temps absolu", indépendant de toute variation, est tout aussi dépourvu de sens. Ce temps absolu ne peut être mesuré par aucun mouvement ; il n'a donc aucune valeur, ni pratique, ni scientifique. Personne ne peut dire qu'il sache rien de ce temps absolu : c'est une oiseuse entité "métaphysique".* » Ce que nous pouvons compléter par la remarque magistrale de Raymond Poincaré dans « La science et l'hypothèse » : « *Il n'y a pas de temps absolu ; dire que deux durées sont égales, c'est une assertion qui n'a par elle-même aucun sens et qui n'en peut acquérir un que par convention. Non seulement nous n'avons pas l'intuition directe de l'égalité de deux durées, mais nous n'avons même pas celle de la simultanéité de deux événements qui se produisent sur des théâtres différents ; c'est ce que j'ai expliqué dans un article intitulé "Mesure du temps".* »

Chronologie, tautologie et autoréférence

Les horloges que nous connaissons sont fondées sur le fait que l'intervalle de temps entre deux événements successifs forme l'unité de longueur de temps. L'horloge n'est qu'une série d'événements se succédant régulièrement (mais régulièrement par rapport à quoi ?), et la mesure du temps reste simplement le **dénombrement** de ces événements. L'horloge est un simple mécanisme de comptage. Le nombre d'événements d'horloge donne la mesure de la durée d'un intervalle de temps. Carlo Rovelli rapporte que « *Galilée, observant un grand chandelier suspendu osciller lentement, a compté le nombre de ses battements cardiaques entre chaque oscillation. Comme c'était toujours le même, il en a conclu que le pendule est une bonne façon de mesurer le temps [...]. Finalement on ne mesure jamais le temps, mais une variable par rapport à une autre.* »

La durée, la vitesse, l'accélération ne sont que des concepts relatifs, aboutissant à des tautologies. L'existence même de l'horloge présuppose que l'on applique la théorie relationnelle, où ce sont les événements qui constituent le temps. Cette théorie ne donne aucune information sur une éventuelle « vitesse d'écoulement » du temps. Si le temps ainsi défini par tous nos étalons de mesure s'accélérait, alors la vitesse d'évolution de tous les phénomènes (y compris les phénomènes biologiques qui servent de base à notre estimation subjective des durées – notre « horloge interne ») s'accélérerait dans la même proportion, et l'accélération serait indécelable. Tous les mouvements étant physiquement accélérés, rien ne permettrait de le constater puisque les horloges servant à mesurer le temps s'accéléreraient dans le même rapport. Pour que cette accélération puisse être mise en évidence, il faudrait qu'il existe au moins un phénomène qui ne la subisse pas et qui puisse ainsi être pris comme référence. Mais si nous disposions d'un tel mouvement non accéléré, sans doute le trouverions-nous trop particulier pour le choisir comme étalon, et nous le considérerions au contraire comme irrégulier, relativement à tous les autres mouvements.

Lorsque l'on dit que « le temps s'accélère », cette accélération attribuée à tous les mouvements, comment la définirions-nous ? L'accélération étant le rapport d'une vitesse par un temps, il faudrait d'abord choisir arbitrairement l'unité de temps. Nous retombons finalement dans le grand dilemme de l'autoréférence. Par ailleurs, l'idée que l'on pourrait mesurer de telles variations suppose que l'on postule un « hypertemps » (ou « métatemps ») appartenant au monde absolu. Ce qui, dès lors, nous entraîne dans une régression infinie ou « boucle étrange » de mesure du temps par le temps.

La mesure du temps n'est pas le temps

Qu'est-ce qu'on mesure lorsqu'on mesure le temps ? Le temps ne doit pas être confondu avec sa mesure, et la mesure du temps ne renseigne nullement sur sa nature, pas plus que la mesure de la longueur d'un ruban ne renseigne sur la matière dont est fait ce ruban. Alors les nombres marqués par les horloges, par les calendriers, par toutes sortes de chronomètres, quelle grandeur mesurent-ils ?

Nous avons vu que la mesure du temps consiste à comparer des phénomènes physiques les uns par rapport aux autres : le mouvement du soleil par rapport à la terre, le passage de l'eau dans une clepsydre ou du sable dans un sablier, la période d'un pendule, la vibration d'un quartz ou un multiple donné de la durée de la période de « la radiation correspondant à la transition entre deux niveaux hyperfins de l'état fondamental de l'atome de césium 133, au repos et à une température de 0 kelvin » (définition officielle de la seconde). De fait, la « mesure du temps » n'est autre que la comparaison de deux mouvements, et s'effectue par la synchronisation entre le processus à mesurer et un autre processus dit de référence, considéré comme connu et répétitif (période d'un pendule, etc.). Le « progrès » social et scientifique a consisté à « objectiver » ces processus de référence en les rendant de plus en plus indépendants de notre subjectivité et donc plus « universels ». C'est ainsi que, depuis l'antiquité, horloges et calendriers ont été étroitement liés aux mouvements des astres dans les cieux. Les travaux de Galilée sur le pendule permettent un comptage des heures même en l'absence de soleil, et plus fiable. En effet, lorsque l'on dispose d'un pendule, conservé dans les conditions les plus stables possibles, on constate que tous les jours solaires n'ont pas la même durée, relativement à la période du pendule, mais que deux pendules de même constitution et situés en un même lieu ont des périodes égales. Bien que la reproduction d'un pendule ne puisse pas être parfaite, nous pouvons donc, avec une bonne approximation, considérer que deux pendules de fabrication identique, placés dans les mêmes conditions physiques, ont même période. Ce sont donc ces pendules que nous prenons pour étalons. Par rapport à un tel étalon, la durée du jour n'est pas constante, d'où l'idée d'introduire la notion de « jour moyen », qui est une fraction donnée de l'« année tropique ». Mais cette dernière, par rapport au pendule, n'a pas une durée constante.

 Finalement, aucune machine construite de main d'homme ne peut constituer un étalon indestructible et reproductible. Ainsi, la durée d'oscillation d'un pendule, placé dans des conditions extérieures déterminées, dépend de ses dimensions, de sa forme, de la température et de la pression atmosphérique, de l'usure ou du vieillissement de sa suspension, etc. Une horloge à balancier peut servir à marquer des repères dans le temps mais non comme étalon d'un temps continu. Il en est de même des oscillateurs à quartz, pour des raisons analogues. Les calendriers, horloges et autres dispositifs, aussi précis soient-ils, font seulement office de repères dans le temps, afin d'y placer les faits vécus et recensés (les événements), mais ils sont purement conventionnels.

En fait, tout ce que l'on a mesuré, tout ce que nous savons mesurer, ce sont les caractéristiques de l'horloge, qu'il s'agisse d'un pendule classique ou d'un atome oscillant dans le vide. Le temps ne peut être défini en dehors des phénomènes qui servent à le mesurer. Ce sont les phénomènes bien déterminés, répétables aussi identiquement que possible, qui définissent le temps.

Chapitre Trois

Le sens du temps en physique ou « flèche du temps »

Temps et causalité, temps et déterminisme, prédictibilité – L'irréversibilité en physique, non-rétrodiction – La flèche thermodynamique, temps et statistique – Temps et entropie – Temps et information – Une « flèche » macroscopique – La flèche électromagnétique – La flèche cosmologique – La flèche atomique – La flèche biologique.

LA distinction entre espace et temps repose souvent sur le fait que l'espace n'a pas de direction, alors que le temps montre une « préférence » sensible pour une direction. Pourquoi cette spécificité ? Elle est due à ce qu'Arthur Eddington a désigné par « flèche du temps », à savoir que le temps ne peut pas être immobilisé : il « passe », il « s'écoule » en sens unique, comme si « l'axe du temps » (par analogie avec les axes qui définissent une position dans l'espace) avait une direction et un sens imposés, et l'on ne peut pas s'y déplacer librement comme dans l'espace. Quelle signification pouvons-nous donner à la direction du flux du temps ?

Adolf Grünbaum parle d'anisotropie du temps, consistant en différences de structure entre les deux directions du temps. Stephen Hawking ("A brief history of time") distingue au moins trois flèches du temps : (1) La flèche thermodynamique, qui va de l'ordre au désordre selon le second principe de la thermodynamique, c'est-à-dire dans le sens de l'accroissement de l'entropie. (2) La flèche psychologique (notre expérience quotidienne), selon laquelle nous nous rappelons le passé qui pointe vers le futur ; à ce sujet, il avance l'argument discutable que les directions psychologique et thermodynamique sont identiques car le cerveau serait un ordinateur effectuant des calculs irréversibles. (3) La flèche cosmologique, qui va dans le sens de l'expansion de l'univers. Il omet de citer les flèches électromagnétique et atomique.

Nous étudierons les différentes flèches physiques (thermodynamique ou macroscopique, électromagnétique, cosmologique, atomique ou microscopique) et ferons, exceptionnellement dans ce chapitre consacré aux sciences « dures », une incursion dans la biologie (« La flèche biologique »), mais en omettant l'aspect psychologique amplement examiné dans la deuxième partie (« L'Expérience »).

Temps et causalité, temps et déterminisme, prédictibilité

Avant de nous pencher sur ces différentes « flèches », nous constatons l'implication de la causalité dans le sens du temps : la cause précède l'effet, la flèche va de la cause vers l'effet, et non dans le sens inverse. On peut aussi supposer l'existence d'une loi qui ferait qu'un événement A doit avoir lieu avant un autre événement B parce que cette loi l'exige. La causalité ne serait qu'un nom donné à une telle loi. Les scientifiques préfèrent parler de « déterminisme », mais ce n'est guère qu'un autre mot pour désigner l'implication entre deux événements. Certains scientifiques font une différence plus ou moins nette entre les deux notions : le déterminisme est la qualité, pour un phénomène, de se produire inévitablement si certaines conditions sont réunies ; la causalité est le principe selon lequel tout phénomène est engendré par une cause (d'après Georges Lochak). La causalité, le déterminisme – ou la loi citée précédemment – font qu'il n'y a pas équivalence entre cause et effet, l'ordre des événements n'est pas indifférent. Si cette équivalence existait, les processus seraient réversibles. Imaginons un événement dont les conséquences se propagent vers le futur (ondes retardées) et vers le passé (ondes avancées). On peut y voir une analogie avec un événement en train de se produire (présent), la prémonition de l'événement (futur) et la mémoire ou le souvenir de l'événement (passé). Si l'effet précédait la cause, il pourrait détruire celle-ci. Ce que nous devons éliminer pour ne pas tomber dans des paradoxes du type du « voyageur imprudent » (en faisant référence au roman éponyme de Barjavel). D'où l'idée que la causalité ou le déterminisme sont liés à la flèche du temps.

L'idée actuelle de causalité est solidement ancrée dans la pensée humaine. Pourtant, à l'échelle humaine, cette idée est relativement récente. Aristote concevait quatre espèces de causes : la matière, la forme, le mouvement et la fin. Cette dernière, « cause finale » ou « finalité », a longtemps prédominé en physique (par exemple dans l'affirmation « la nature a horreur du vide »), c'est-à-dire que c'est le futur qui détermine l'effet présent. À cette physique « finaliste », les modernes opposent une physique « causaliste » ou « déterministe », où la cause détermine l'effet. O. Costa de Beauregard relève « *le fait que la physique accepte les explications du type causal et refuse les explications de type final.* [... Des arguments qui reviennent] *à associer biunivoquement le principe de la probabilité croissante au principe de causalité, ou à son substitut subjectif le principe de raison suffisante.* » Ouvrons à ce stade une parenthèse pour mentionner une autre relation temporelle sans rapport avec la causalité ni avec la finalité, c'est la « synchronicité » introduite par C.G. Jung pour désigner l'occurrence simultanée d'au moins deux événements dont l'association prend un sens pour la personne qui les perçoit.

David Hume a formalisé la relation entre temps et causalité en avançant l'axiome selon lequel toute cause précède son effet (« Enquête sur l'entendement humain », section VII). Cet axiome a été repris par Kant, qui l'a élevé au statut de jugement synthétique *a priori*, n'ayant besoin d'aucune preuve empirique pour être démontré en tant que nécessairement vrai. Une cause est exprimée pour expliquer ou pour montrer que quelque chose est ou a été en quelque sorte nécessaire. De fait, le principe de causalité est toujours pris en compte dans les sciences expérimentales (physique, chimie, biologie, sciences humaines…) : ce principe dit « de cause effective » sous-entend une relation temporelle entre deux phénomènes, la cause et l'effet, la première ayant lieu obligatoirement avant le second. Ce que Laplace traduit dans cette fameuse expression du déterminisme universel, qui met clairement en évidence l'aspect temporel de la relation de cause à effet : « *Nous devons donc envisager l'état présent de l'univers comme l'effet de son état antérieur et comme la cause de l'état qui va suivre. Une intelligence qui, pour un instant donné, connaîtrait toutes les forces dont la nature est animée et la situation respective des êtres qui la composent, si d'ailleurs elle était assez vaste pour soumettre ses données à l'analyse, embrasserait dans la même formule les mouvements des plus grands corps de l'univers et ceux du plus léger atome ; rien ne serait incertain pour elle, et l'avenir comme le passé seraient présents à ses yeux.* »

C'est cette idée de causalité et de déterminisme qui est à la base de l'universalité des lois physiques et de leur « prédictibilité ». C'est-à-dire que, connaissant l'état d'un système et son environnement, il est théoriquement possible de connaître son état à tout autre instant. Ainsi Newton, en posant les équations de la gravitation et en les résolvant dans le cas particulier où l'univers se réduit à deux corps célestes, retrouve le mouvement képlerien comme conséquence de la loi d'attraction en $1/r^2$ (r étant le rayon de l'orbite d'une planète, et par extension la distance entre deux corps dans l'espace). « *Aussi loin que l'on descende dans l'avenir ou que l'on remonte dans le passé, on peut donner la position de la planète* », commente Ivar Ekeland.

Roger Penrose (« Structure causale de l'univers ») va plus loin en postulant que le principe de causalité pourrait être plus fondamental que le temps lui-même. Ce qui nous amènerait à considérer que les relations causales sont les véritables éléments fondamentaux, et que les événements dans l'espace-temps peuvent ensuite être définis à partir de ces relations. À l'opposé, le philosophe britannique Michael Dummett (1925-2011) a remis en question cet axiome dans l'un de ses articles célèbres (« Can an Effect Precede its Cause ? », publié en 1954 in Proceedings of the Aristotelian Society), où il envisage la possibilité de la **causalité inversée**, c'est-à-dire une relation où l'effet précède la cause. En admettant la possibilité qu'une cause future ait un effet au passé, la causalité inversée disjoint la causalité du sens ordinaire du temps, laquelle découle d'une conception réaliste du temps : si l'effet précède sa cause, l'effet existait réellement au moment où il a eu lieu ; il n'a pas été créé de toutes pièces, après coup, par la cause future. Il s'agit d'un problème proche, mais distinct, des spéculations sur le voyage dans le temps. La causalité inversée ne présuppose pas qu'il est effectivement possible de changer le passé. Il faut en effet distinguer entre le fait qu'une cause future puisse influencer le passé, et le fait de changer le passé. Accepter la causalité inversée, ce n'est qu'admettre la première possibilité, et non la seconde, laquelle semble irrationnelle aux yeux de tous les philosophes.

Le déterminisme connaît deux limites fondamentales. La première, c'est qu'il n'est que partiellement applicable lorsque l'état du système n'est pas connu avec exactitude, ou que celui-ci est trop complexe, comme l'explique encore Ivar Ekeland (« Au hasard ») : *« Jusqu'à l'avènement des ordinateurs, la seule manière d'étudier le comportement d'un système était de résoudre explicitement les équations d'évolution, ce qui n'est possible que pour une classe très restreinte de systèmes, dits intégrables. [...] Pour les autres systèmes, grâce à la méthode dite des perturbations, on peut décrire le court terme et même le moyen terme (pendant une durée qu'il est très difficile d'estimer), mais pas le long terme (réservé aux systèmes intégrables).* » D'où un autre rapport entre déterminisme et temps : une certaine classe de systèmes sont déterministes à condition de ne pas les considérer sur une durée » trop » longue. Ce que précise J.D. Barrow : « *L'étendue de ce que nous sommes capables de déduire à propos de l'univers par des principes logiques ou physiques dépend donc précairement de la délicatesse de la sensibilité aux conditions initiales qui peuvent avoir existé.* » Le déterminisme est ainsi limité dans le temps par l'éventualité du chaos et des processus dits aléatoires, qui donnent lieu à des événements qualifiés alors de « hasard » : « *Avant que la notion de chaos ne devienne bien établie, les scientifiques approchaient ces processus compliqués principalement sous un angle statistique* », rappelle J.D. Barrow.

La seconde limite est liée à la mécanique quantique, à l'échelle des particules élémentaires (physique atomique et nucléaire), comme nous le verrons au chapitre 4 de cette partie (« Temps et physique moderne »). Dans ce domaine, le déterminisme, même en admettant l'approximation précédente, s'avère inapplicable. Ainsi, considérons une particule élémentaire (électron, par exemple) traversant un appareil de mesure : avant la mesure nous ignorons son état (position et impulsion). La mesure (de la position, par exemple) perturbe d'autres paramètres de la particule (son impulsion). Ce processus est expliqué en mécanique quantique par le fait que la mesure a pour conséquence la « réduction du paquet d'onde ». La connaissance de certains paramètres de la particule a anéanti, en quelque sorte, toute connaissance sur d'autres paramètres de la même particule. Ainsi, au contraire de la conception classique, au niveau subatomique le sort d'une particule n'est pas déterminé par son passé. D'autres récents développements de la physique semblent mettre en défaut le sacro-saint principe de causalité au niveau fondamental. Ce qui nous inciterait à penser que ce principe pourrait n'avoir pas plus de réalité scientifique que les fameuses théories préscientifiques du « phlogistique » et de « l'éther luminifère ».

L'irréversibilité en physique, non-rétrodiction

Nous avons appris que la plupart des lois physiques admettent la réversibilité, c'est-à-dire que leurs énoncés sont valables en remplaçant le paramètre t par son opposé $-t$ dans les équations, ce qui s'exprime mathématiquement par la symétrie par rapport au temps. C'est le cas des équations de la mécanique classique, celles qui décrivent par exemple le mouvement des planètes et des satellites, l'oscillation d'un pendule ou le mouvement d'une boule de billard en l'absence de frottement. C'est aussi le cas de la plupart des interactions à l'échelle macroscopique (interaction gravitationnelle), atomique ou subatomique (interaction nucléaire forte, interaction électromagnétique, mais pas l'interaction faible, responsable de la radioactivité β).

Pourtant, l'observation nous montre que le temps semble avoir une « préférence » pour un sens plutôt que le sens opposé. Ce dont on peut aisément se convaincre en passant à l'envers un film contenant des séquences telles que la chute d'un corps qui se casse, le mélange du lait dans du café, le passage d'un peigne dans une chevelure… C'est ce que l'on désigne par « irréversibilité ». Richard Feynman (« La nature des lois physiques ») en suggère l'explication suivante : « *L'interprétation la plus simple de cette distinction évidente entre le passé et le futur, de cette irréversibilité de tous les phénomènes, serait que certaines lois définissent un sens privilégié. […] On devrait trouver quelque part dans la mécanique un principe suivant lequel les machins se transforment toujours en trucs, mais jamais vice versa, de sorte que le monde verrait en permanence son caractère "machinal" se changer en caractère "truculent", et ce fonctionnement à sens unique des interactions entre les choses serait la cause de l'apparent déroulement à sens unique de tous les phénomènes naturels. Mais on n'a rien trouvé de tel jusqu'à présent.* » D'où la deuxième caractéristique, qui précise la première, la « flèche », et qui nous aidera à définir le temps : la notion de temps est liée à celle d'irréversibilité et **le sens du temps est celui vers lequel évoluent les processus irréversibles.**

Il faut souligner que le concept d'irréversibilité ne s'applique pas au temps proprement dit, mais à un événement ou un processus concernant un objet ou un système. C'est-à-dire que la possibilité d'inverser « sur le papier » le signe du temps n'implique nullement celle de renverser « physiquement » le sens du temps : le renversement des mouvements n'équivaut pas à un renversement du temps. Ainsi, ce n'est pas parce que les équations de la mécanique classique sont invariantes par inversion du sens de *t* que le passage d'un film à l'envers serait réaliste. Pour reprendre l'exemple du billard, dès lors qu'il y a plus d'une boule de billard et plusieurs collisions, la séquence inverse se distingue nettement de la première. Par exemple, quinze boules multicolores sont déposées dans une formation triangulaire près d'un bord de la table ; une boule blanche arrive et disperse les boules multicolores. La séquence inverse, où des boules dispersées se rassembleraient en un triangle, est hautement improbable. Les deux séquences diffèrent donc entre elles par la notion de probabilité : il y a de nombreuses façons pour les boules multicolores de se disperser dans l'espace. Il n'y en a qu'une pour qu'elles reconstituent un triangle.

Le cas peut être généralisé pour d'autres phénomènes, comme la chute d'un verre qui se brise en tombant, la dilution d'une goutte d'encre dans un verre d'eau claire, ou la fonte d'un glaçon dans un verre d'eau chaude. Les phénomènes qui apparaissent irréversibles sont ceux qui font passer, par exemple, d'un état ordonné à un état désordonné, ou d'un ensemble d'états différents pour différents systèmes à un état de nivellement thermodynamique, comme nous le verrons par la suite (« La flèche thermodynamique, temps et statistique », ci-après). Phénomènes qui mettent en jeu, non pas une dizaine d'objets, mais des milliards de milliards de molécules. Les physiciens ont mis en évidence de nombreux processus irréversibles, notamment tous ceux où interviennent frottements, viscosité, échauffement, diffusion de particules... La « flèche du temps » se manifeste lorsqu'un système passe d'une situation spéciale de déséquilibre (par exemple, une goutte d'encre dans un récipient d'eau claire ; une boule sur un plan incliné) à un état d'équilibre (répartition quasi uniforme de l'encre dans l'eau ; boule sur la partie la plus basse du plan incliné). Ces déséquilibres peuvent avoir été préparés par un expérimentateur ou résulter de situations naturelles. C'est d'ailleurs grâce à cette irréversibilité que le monde a une certaine stabilité puisque tout système, une fois qu'il a atteint son état d'équilibre (partiel), est dans un état stable, donc au repos.

Ces processus ont une autre caractéristique : nous pouvons les prédire, dans la mesure où une cause produit un effet déterminé. Si la prédiction est possible, la démarche inverse, la « rétrodiction », est très aléatoire : en effet, un même effet peut être entraîné par une multitude de causes. La balle qui se trouve au fond du trou a pu être lancée d'une infinité de points de l'espace entourant le trou. Nous nous trouvons donc dans une situation bien différente de celle qui permettait à Kepler de connaître les positions des planètes tant dans l'avenir que dans le passé (cf. paragraphe précédent). En présence d'un grand nombre d'éléments, que nous ne savons traiter que par la statistique et le calcul des probabilités, l'irréversibilité est posée dans les prémisses mêmes de ce calcul, comme une dissymétrie *a priori* entre problèmes de prédiction et problèmes de rétrodiction. Cette dissymétrie entre prédiction et rétrodiction est à rapprocher de la dissymétrie entre prémonition et mémoire (cf. « Temps et mémoire, temps et prémonition », dans la deuxième partie, « L'Expérience »).

Ainsi, une trace (de pas sur la grève ou de balle de fusil dans une cible) est un témoin de l'interaction passée d'où est issue la situation présente, alors que l'existence de traces des interactions futures est exclue. » *Ce paradoxe de la symétrie de droit et de la dissymétrie de fait entre prédiction et rétrodiction [...] se retrouve identique dans toutes les versions, classiques ou quantiques, du théorème H de Boltzmann* », relève O. Costa de Beauregard. Ce que nous allons voir dans les paragraphes suivants.

Passons maintenant à l'étude des différentes « flèches » que nous avons introduites au début de ce chapitre.

La flèche thermodynamique, temps et statistique

Pour la plupart des phénomènes à notre échelle, il apparaît que l'irréversibilité est liée à la notion de probabilité. Elle consiste dans le passage de l'ordre vers le désordre. C'est la première « flèche », également désignée par « flèche thermodynamique » ou « entropique ».

La thermodynamique est la science de la chaleur et par extension la physique appliquée aux gaz et aux systèmes comprenant un grand nombre de particules, sachant que la chaleur est une fonction de l'agitation moléculaire. D'où l'idée de rapprocher la thermodynamique de la physique statistique. Or dans ce domaine, les équations, notamment celle de Fourier dite « équation de la chaleur » (1822), ne sont pas invariantes par renversement du temps, contrairement aux équations de la mécanique. Elles traduisent l'évolution d'un système d'un état relativement ordonné vers un état plus désordonné. Cette dissymétrie est ainsi exprimée par Marcel Brillouin (citant Ludwig Boltzmann, « Leçons sur la théorie des gaz ») : « *Il m'est impossible d'admettre que le mouvement soit "molecular ungeordnet" à l'aller et devienne "molecular geordnet" après renversement des vitesses par le seul fait que l'aller aura fait connaître la succession des chocs pour le retour.* » Le paradoxe réside en tout et pour tout en ce que dans un cas la configuration improbable suit la donnée initiale (ce qui, expérimentalement parlant, apparaîtrait comme un prodige), tandis que dans l'autre cas elle la précède (ce qui est d'observation triviale).

Le premier principe de thermodynamique traduit la conservation de l'énergie (l'énergie totale étant la somme de l'énergie mécanique et de l'énergie thermique) ; la physique démontre que cette conservation découle de l'invariance des lois physiques dans le temps. Ce premier principe s'exprime par une égalité. Le second principe dû à Sadi Carnot (1824), en revanche, met en évidence l'impossibilité de transformer la totalité de l'énergie thermique d'un système en énergie mécanique, alors que la transformation inverse est possible et même banale. Ce second principe s'exprime, quant à lui, par une inégalité, explicitant le sens d'évolution des systèmes thermodynamiques au cours du temps. Le second principe de la thermodynamique serait à l'origine du caractère irréversible du temps, de la « flèche du temps ».

Temps et entropie

Pour expliquer ce second principe, Rudolf Clausius a introduit le concept d'« entropie » (1865) et déduit du second principe l'énoncé suivant : la variation d'entropie d'un système fermé ne peut être que positive ou nulle (c'est-à-dire que l'entropie d'un système fermé ne peut qu'augmenter au cours du temps). Si cette variation est nulle, la transformation est réversible. Si elle est strictement positive, la transformation est irréversible. L'entropie mesure la « qualité » de l'énergie disponible au sein du système, c'est-à-dire la capacité du système à se transformer. Selon le second principe de la thermodynamique, un système fermé (ou isolé) tend naturellement vers un état d'entropie maximale dans lequel toute transformation sera impossible.

Comment en est-on arrivé à passer de la mécanique classique réversible à la mécanique statistique irréversible ? L'explication, nous la devons à Ludwig Boltzmann. Ce physicien a tenté de décrire le mouvement d'un grand nombre de corps en élaborant la « théorie cinétique des gaz » (1871) : celle-ci exprime que l'état accessible à notre observation n'est autre que l'état global décrit par un calcul de probabilités effectué à partir d'un très grand nombre d'états microscopiques. Le problème consiste alors, selon Boltzmann, à calculer, pour un état global mécanique donné du système, la probabilité qu'a ce système de s'y trouver, l'entropie étant liée à la probabilité d'un tel état, donnée par l'équation :

$$S = k_B \log W$$

où S est l'entropie d'un système, W le nombre de façons de répartir l'énergie du système entre ses différents constituants et k_B la constante de Boltzmann.

Boltzmann a explicité cette relation en écrivant une équation générale de transport, appelée équation de Boltzmann, qui met en jeu une fonction de distribution, $H(t)$, fonction statistique des propriétés mécaniques des molécules du système thermodynamique (théorie ergodique), qui tend vers l'équation de Maxwell, c'est-à-dire une distribution à l'équilibre, donc stationnaire. La fonction $H(t)$ varie de façon monotone au cours du temps, pendant que le système évolue vers l'état d'équilibre. Boltzmann a démontré en 1872 que l'entropie S augmente à mesure que la dérivée dH/dt de H décroît. Tel est le sens du « théorème H » de Boltzmann [cf. ANNEXE 4].

Paul et Tatiana Ehrenfest ont montré que la fonction H prise négativement (– H) est une généralisation de l'entropie thermodynamique. C'est ainsi que le théorème H peut être considéré comme l'explication microscopique de l'irréversibilité des phénomènes macroscopiques. La tentation est grande, alors, d'identifier le temps à l'entropie, puisque c'est cette grandeur justement qui confère un sens privilégié au temps. C'est ce que suggère Arthur Eddington : « *Le comportement entropique de systèmes physiques clos distingue deux directions opposées du temps, définies comme antérieur et ultérieur, comme suit : de deux états du monde, l'état ultérieur est celui qui coïncide avec l'entropie la plus élevée d'un système fermé hors d'équilibre.* »

La théorie de Boltzmann se heurte toutefois à plusieurs objections, notamment celle de C.F. von Weizsäcker. Ce dernier montre que le théorème H se contredit si on l'applique au passé, et il propose donc d'interdire son application pour le passé, prétextant que le passé est en principe connu, et que le calcul des probabilités ne devrait s'appliquer qu'à l'avenir.

Max Planck était fasciné par le second principe de la thermodynamique auquel il a consacré sa thèse de doctorat en 1879 à l'âge de 21 ans. Il a été le premier à percevoir le lien entre la croissance de l'entropie et l'irréversibilité : l'irréversibilité et l'augmentation de l'entropie d'un système isolé seraient l'essence même du second principe. Planck voulait montrer que l'origine de l'irréversibilité était liée à l'interaction de la matière avec le rayonnement, et il pensait que l'étude du corps noir était le meilleur moyen de le prouver. D'où son expérience avec le corps noir, qui n'a pas donné les résultats attendus et l'a ainsi amené à introduire la constante à laquelle on a donné son nom ; mais cela, c'est une autre histoire (cf. chapitre 4, « Temps et physique moderne »).

Temps et information

Les physiciens ont mis en évidence une relation entre entropie et information. La notion de « néguentropie » (égale à $- S$) a d'ailleurs été introduite par Léon Brillouin, comme équivalente à l'information. Il existe, en effet, un lien entre la thermodynamique irréversible et la théorie de l'information. L'information est définie par un terme identique sur le plan formel à l'entropie négative, ce qui fait apparaître une correspondance entre les deux systèmes théoriques différents que sont la thermodynamique et la théorie de l'information (Ludwig von Bertalanffy). Un système comportant un grand nombre de possibilités microscopiques, puisqu'il évolue vers son entropie maximale, voit aussi son désordre microscopique augmenter, et l'information que l'on peut avoir sur le système diminue. Plus l'entropie est élevée, plus grand est le désordre et plus faible la quantité d'information.

Selon les lois de la thermodynamique, l'entropie d'un système ne peut pas diminuer (c'est-à-dire que la néguentropie ne peut pas augmenter). Si l'on assimile la néguentropie à l'information, un observateur acquiert automatiquement de l'information par l'observation de son environnement, c'est-à-dire qu'il augmente sa propre néguentropie. Afin de rétablir la conformité physique du système formé par l'observateur et son environnement, toute observation crée une variation positive de l'entropie ΔS, au moins égale et opposée à la variation de néguentropie ou information ΔI. Soit $-\Delta I \leq \Delta S$ (à un facteur $k_B \ln 2$ près, nécessaire pour convertir en unités thermodynamiques l'unité d'information exprimée en bits, où k_B désigne la constante de Boltzmann, ln le logarithme népérien) [cf. ANNEXE 5].

Nous percevons que la différence entre *avant* et *après* est une question d'information. Pour décrire un état ordonné, une certaine information est nécessaire ; pour décrire l'état ultérieur, moins ordonné, une partie de l'information est perdue. Ce qui recoupe notre « expérience » (cf. « Temps et mémoire, temps et prémonition » dans la deuxième partie, « L'Expérience ») : « *La direction "futur" du temps psychologique est parallèle à celle de l'accumulation des enregistrements des systèmes interagissants, et donc parallèle à la direction définie par l'entropie croissante* », résume O. Costa de Beauregard. Pour le mathématicien Alain Connes, le temps est un effet de l'ignorance du détail – de même que la température ou la chaleur correspond à l'agitation des atomes dont on ne connaît pas les mouvements individuels. Si nous connaissions précisément chaque variable, la position microscopique exacte de chaque atome, par exemple, il n'y aurait pas de statistique, et donc pas de temps.

Le comportement des systèmes irréversibles est-il alors le reflet de notre ignorance ou bien est-ce l'impossibilité de le décrire qui est fondamentale ? « *Pendant des années, on a cru que l'explication relevait essentiellement de notre ignorance. Mais [...] on commence à comprendre que l'explication du comportement statistique des systèmes mécaniques ne réside pas tellement dans les limites de notre perception mais dans le caractère fondamentalement instable de l'évolution mécanique des systèmes complexes. Cela veut dire que des conditions initiales très proches vont s'éloigner énormément dans un temps très court.* » Voilà comment le physicien Giovanni Ciccotti présente « l'hypothèse ergodique » introduite par Boltzmann et ainsi explicitée par David Ruelle : « *En se mouvant dans l'espace des phases, le point qui représente notre système passe dans chaque région une fraction de temps proportionnelle au volume de cette région.* » L'explication de l'irréversibilité suivant Boltzmann est probabiliste : « *Il n'y a pas d'irréversibilité dans les lois fondamentales de la physique, mais l'état initial que nous avons choisi pour notre système a une caractéristique importante : cet état initial est très improbable. [...] Son volume relatif dans l'espace des phases est très petit (son entropie est petite). L'évolution temporelle conduit alors à une région de volume relativement grand (ou de grande entropie) qui correspond à un état très probable du système.* »

Une « flèche » macroscopique

Les trois derniers paragraphes convergent vers l'idée d'une « flèche du temps » liée à des données statistiques relatives à un état macroscopique, pour lequel il est impossible d'accéder à un niveau de détail plus fin. Le terme de « temps thermique » a été proposé en 1993 par le mathématicien Alain Connes et le physicien Carlo Rovelli. Ce temps serait lié aux phénomènes irréversibles, notamment en thermodynamique, où il apparaît comme une variable essentielle pour décrire ces phénomènes : « *L'impression du temps elle-même n'est due qu'à notre ignorance de la dynamique détaillée au niveau microscopique* », déclare Carlo Rovelli. Pour Giovanni Ciccotti, « *L'irréversibilité du quotidien n'est pas seulement évidente et assurée, elle trouve son fondement dans* *une classe de phénomènes physiques faciles à constater. [...] À l'intérieur même de la physique, cette contradiction existe entre théories provenant de classes différentes de phénomènes. À partir d'un phénomène typiquement irréversible comme la conduction de la chaleur, le physicien est conduit à constater que son explication même comporte une tendance irréversible. [...] Mais les lois dont il dispose pour expliquer ces phénomènes, elles, sont strictement réversibles. [...] Le premier effort de théorisation d'un phénomène irréversible date de Fourier, au début du XIXe siècle. C'est justement celui de la conduction de la chaleur. [...] Les tentatives faites pour comprendre la limitation* [qui empêche la conversion totale de la chaleur en travail mécanique] *ont abouti, après Carnot, à la formulation universelle des lois fondamentales de la thermodynamique. [...] À ce point, la question se pose d'une confrontation des différentes parties de la physique : la physique fondamentale, qui prétend à une explication réversible, et la thermodynamique, [...] qui exige une irréversibilité intrinsèque.* »

Pour expliquer cette contradiction, le physicien Thibaut Damour (cité par Etienne Klein, « Les tactiques de Chronos ») se sert d'une analogie : « *De même que la notion de température n'a aucun sens si l'on considère un système constitué d'un petit nombre de particules, de même il est probable que la notion d'écoulement du temps n'a de sens que pour certains systèmes complexes, qui évoluent hors de l'équilibre thermodynamique, et qui gèrent d'une certaine façon les informations accumulées dans leur mémoire.* » Il n'y aurait donc pas de « flèche du temps » à l'échelle microscopique, mais c'est le niveau macroscopique et lui seul qui crée pour nous l'impression qu'il y en a une. À l'instar de la notion de température, qui n'a pas de sens au niveau d'une molécule ou d'un petit nombre de molécules, à l'instar aussi de la pensée, qui ne peut pas surgir d'un neurone ou d'un petit nombre de neurones du cerveau, nous pouvons dire que le temps est une propriété « émergente » des systèmes complexes. Une telle propriété n'existe pas à un niveau inférieur, de même que la chaleur (causée par des mouvements désordonnés de particules individuelles), la couleur (due à l'émission de photons par des atomes excités et leur interaction avec la matière), la surface d'un liquide (créée par des molécules en mouvement les unes par rapport aux autres), la pensée (résultant de l'activité de nombreux neurones), et la vie elle-même (liée à l'interaction entre de nombreuses cellules, elles-mêmes constituées de nombreux atomes).

La flèche électromagnétique

Outre la « flèche thermodynamique », développée dans les paragraphes précédents, nous avons cité au début de ce chapitre un autre indicateur du sens du temps, caractéristique de la théorie de l'électromagnétisme, que nous désignerons par la « flèche électromagnétique », relative à la propagation de la lumière ou d'une radiation dans le vide. Or les équations de Maxwell, qui décrivent cette propagation, sont parfaitement symétriques par rapport au temps, et elles admettent deux types de solutions également admissibles : (1) les ondes retardées, qui se propagent à partir de la source (électron excité) et atteignent leur cible après un certain délai (retard) ; ce sont les radiations lumineuses, ultraviolettes, X, infrarouges et radio, qui sont bien connues ; (2) les ondes avancées, qui impliquent une radiation convergeant sur la source au moment de l'excitation. Ce dernier type de solution semble absurde, c'est pourquoi les physiciens n'ont retenu que les solutions d'ondes retardées. On peut établir une relation entre ce choix de solution et la direction du temps, mais aucune théorie électromagnétique n'impose de « flèche du temps » à partir de principes généraux.

La flèche cosmologique

Les lois de la mécanique céleste, essentiellement liées à la force gravitationnelle, sont réversibles. C'est-à-dire que, si l'on remplaçait t par $-t$ dans les équations qui décrivent les mouvements des astres ou, ce qui revient au même, si l'on remplaçait toutes les vitesses des corps par leur opposé (en faisant tourner tous les corps dans le sens contraire de leur sens actuel), on retrouverait dans cinquante ans ces corps exactement dans les mêmes positions qu'il y a cinquante ans.

Toutefois, pour des distances très grandes, à l'échelle cosmologique (celle des galaxies), les astrophysiciens ont mis en évidence le fameux décalage du spectre vers le rouge, ce qui traduit un univers en expansion, dont le taux d'expansion est donné par la constante de Hubble : H_0 = 70 km/s.Mpc (Mpc = million de parsecs, unité de distance en astronomie). Ce taux indique que la vitesse des galaxies est proportionnelle à l'éloignement de celles-ci par rapport à l'observateur, mais aussi d'une galaxie à une autre. C'est une vitesse d'expansion globale, qui n'attribue donc pas de place particulière à notre observateur terrien.

La constante de Hubble s'exprime par une vitesse divisée par une distance, donc dans une unité inverse du temps. Elle permet de définir une distance c/H_0, appelé « rayon de Hubble » (où **c** est la vitesse de la lumière dans le vide). Bien que les lois à cette échelle semblent réversibles, l'évolution de l'univers s'avère bel et bien irréversible. Ce sur quoi nous reviendrons plus loin (cf. chapitre 5 « Temps et univers » dans cette partie).

La flèche atomique

Il est un type d'interaction physique qui est fondamentalement irréversible : c'est l'interaction nucléaire faible, celle qui est responsable de la radioactivité β. Au niveau microphysique, elle s'explique ainsi : un atome radioactif se désintègre en émettant des particules/ radiations α (noyau d'hélium), β (électron ou positron), γ (photon à forte énergie) et en donnant naissance à un autre atome. Cette réaction se produit de manière indéterministe (sans cause apparente) et aléatoire, bien que, sur une grande quantité d'atomes, le nombre de désintégrations produites dans un intervalle de temps donné soit approximativement déterminé. D'où le fait qu'on puisse déterminer une grandeur caractéristique d'un élément radioactif, sa « demi-vie ». D'une manière générale, la réaction inverse n'est pas possible : à partir d'un élément stable, le bombardement par des rayonnements α, β et γ ne redonnera (quasiment) jamais l'élément radioactif initial.

La flèche biologique

À ces différentes « flèches » énoncées et reconnues par les physiciens, il faut ajouter le caractère d'irréversibilité de l'évolution mis en exergue par Jacques Monod. En guise d'explication de cette « flèche », nous laissons la parole à ce biologiste : « *L'évolution dans la biosphère est un processus nécessairement irréversible, qui définit une direction dans le temps ; direction qui est la même que celle qu'impose la loi d'accroissement d'entropie, c'est-à-dire le deuxième principe de la thermodynamique. Il s'agit de bien plus qu'une simple comparaison. Le deuxième principe est fondé sur des considérations statistiques identiques à celles qui établissent l'irréversibilité de l'évolution comme une expression du deuxième principe dans la biosphère.* »

Chapitre Quatre

Temps et physique moderne

Temps et relativité – Temps et théorie des quanta – L'aporie du temps en mécanique quantique – Mesure et irréversibilité en mécanique quantique – Temps et instabilité quantique – Systèmes quantiques relativistes et inversion du temps.

P_{AR} « physique moderne », nous entendons la théorie de la relativité et la mécanique quantique. Jusqu'ici, nous n'avons pratiquement pas fait appel à ces deux théories, si ce n'est pour définir une unité de mesure du temps au chapitre 2 ou à propos de la « flèche atomique » au chapitre 3. Les flèches du temps citées précédemment, à l'exception de cette dernière, sont observables à l'échelle humaine ou à une échelle supérieure, et dans des conditions classiques du point de vue de la relativité, c'est-à-dire en l'absence de vitesses proches de celle de la lumière. Mais que se passe-t-il à des échelles inférieures, au niveau des particules, régies par la mécanique quantique, et à des vitesses très élevées, dites relativistes ? Nous allons voir que ce que nous appelons « temps » à notre échelle est bien différent dans les domaines qui relèvent de ces théories.

Temps et relativité

Depuis qu'Einstein a élaboré sa théorie de la relativité (1905), le temps physique n'est plus ni universel ni absolu. Il devient une dimension de l'univers, presque à l'égal des trois dimensions d'espace. Cette notion a été largement expliquée par Einstein lui-même et dans tous les ouvrages qui traitent de cette théorie. Mais le temps garde toujours, et singulièrement dans la théorie relativiste, des caractéristiques bien différentes de l'espace.

Le temps, dans cette théorie, est lié à l'observateur. Ce qui soulève deux problèmes fondamentaux mis en évidence par Poincaré en 1898 : les définitions de durée et de simultanéité en des points distincts de l'espace. Or les ouvrages sur la relativité discutent de temps et d'horloges, mais n'évoquent généralement que le second des problèmes soulevés par Poincaré : seule la question de la simultanéité a été largement discutée. L'absolutisme du présent, du « maintenant » et de la simultanéité tombe en effet avec la relativité restreinte. Même si cet abandon a laissé perplexe Einstein lui-même, comme le rappelait Rudolf Carnap (cité par Etienne Klein) : « *Once Einstein said that the problem of Now worried him seriously [...], that there is something essential about the Now which is just outside the realm of science...* » [Einstein dit un jour que le problème de Maintenant le préoccupait sérieusement..., qu'il y a quelque chose d'essentiel à propos de Maintenant qui est juste en dehors du domaine de la science.]

Une des conséquences des équations de la théorie de la relativité est qu'aucune particule ne peut atteindre la vitesse de la lumière c, sauf les particules de masse nulle, tel le photon. Mais la théorie n'empêche pas d'imaginer des particules dont la vitesse est toujours supérieure à c, et ne peut que se rapprocher de cette vitesse par le haut. Ces particules supralumineuses hypothétiques, baptisées « tachyons », permettraient l'interaction entre des systèmes arbitrairement éloignés, donc de « remonter le temps ». Toutefois, elles restent en principe inobservables car aucune interaction n'est possible entre un tachyon et une particule massive (sublumineuse) de notre monde.

Temps et théorie des quanta

« *L'histoire de la mécanique quantique débuta par la tentative de Planck de réconcilier la dynamique et la deuxième loi de la thermodynamique* », rappelle Ilya Prigogine. Pour ce faire, Planck eut l'idée d'étudier l'interaction matière-rayonnement à travers la mesure du rayonnement du corps noir et celle de la chaleur spécifique. Il ne réussit pas cette réconciliation, mais, chemin faisant, découvrit la constante *h* qui porte son nom et qui constitue le fondement de la mécanique quantique. Curieusement, c'est donc à travers l'étude du temps, et singulièrement de l'irréversibilité, que le rapprochement avec la physique classique (à notre échelle) pourra se faire.

L'aporie du temps en mécanique quantique

La microphysique actuelle est essentiellement fondée sur la description des états stationnaires, ou états quantiques. Selon l'interprétation de Niels Bohr (Ecole de Copenhague), une transition quantique est instantanée et indescriptible dans le temps. Ainsi, en mécanique quantique, les transitions – ce qui, dans le monde classique, fait justement intervenir le temps – sont indéterminées et ne sont prises en compte, dans les équations, que comme des approximations. La notion même de mouvement n'existe pas en mécanique quantique : les trajectoires n'existent plus en dessous de la constante de Planck (correspondant à une longueur de l'ordre de 10^{-35} m). Les particules ne suivent plus des trajectoires mais sont « constituées » par des superpositions de différentes positions, chaque position étant affectée d'un coefficient de probabilité appelé « densité de présence ». La position d'une particule quantique est ainsi définie par la somme pondérée de toutes les valeurs possibles dans l'espace, la pondération correspondant à la densité de présence de la particule au point considéré. (Il en est de même de toute autre variable relative à cette particule, notamment sa vitesse ou son impulsion.) L'ensemble des positions possibles fournit le spectre de position de la particule. Dans son ensemble, ce spectre évolue dans le temps en suivant les règles de la mécanique classique, pourvu que les grandeurs dynamiques soient assimilées à leurs valeurs moyennes. L'évolution d'une particule en mécanique quantique non relativiste est décrite par l'équation de Schrödinger :

$$\hat{H}|\psi\rangle = i\hbar \frac{\text{d}}{\text{d}t}|\psi\rangle$$

Cette équation [cf. ANNEXE 6], dérivée de l'équation des forces en mécanique classique de Newton ($F = m\, \text{d}v/\text{d}t$), des formalismes de Lagrange, Hamilton et Jacobi, a pour solutions les états stationnaires dans lesquels peut se trouver la particule. Même si cette formule intègre le paramètre temps, elle est invariante par rapport au sens du temps, de même que les équations de la mécanique classique.

La présence de t (temps) et de i (nombre imaginaire) dans le second membre de l'équation sont importants pour l'interprétation probabiliste de la mécanique quantique. Les solutions de l'équation sont des fonctions d'ondes à valeurs complexes, symétriques par rapport à t, représentant la probabilité de trouver le système dans un état particulier, alors que la densité de probabilité ψ^2 est indépendante du temps (interprétation dite de Copenhague). En théorie quantique des champs relativiste (théorie combinant mécanique quantique et physique relativiste), cette équation est remplacée par sa version fonctionnelle. Jusqu'ici, nous n'avons donc pas mis en évidence de « flèche du temps ».

Mesure et irréversibilité en mécanique quantique

Le processus de mesure en mécanique quantique revient à attribuer une valeur et une seule à un système quantique admettant tout un spectre de valeurs possibles. Ainsi, pour localiser une particule dans l'espace, un appareil de mesure ne peut fournir comme valeurs expérimentales de la densité de présence que 0 ou 1. Si l'on effectue une autre mesure, dans les mêmes conditions expérimentales, le résultat peut être différent de celui de la première mesure. On ne peut donc pas prédire *a priori* le résultat d'une mesure, mais à l'issue de celle-ci on connaît avec certitude la valeur de la grandeur mesurée. La mesure a pour effet de modifier la fonction d'onde de la particule, de « réduire » le spectre de valeurs de la grandeur physique étudiée à la seule valeur mesurée. Autrement dit, une particule représentée par une équation parfaitement connue, lorsqu'elle est soumise à une opération de mesure déterminée, peut en général donner différents résultats incompatibles les uns avec les autres (par exemple, le passage de la particule par l'un ou l'autre trou percé dans un écran), sans que l'on puisse prédire ce résultat à l'avance.

Le processus de mesure distingue donc deux situations très différentes, **avant** et **après** la mesure : avant la mesure, un grand nombre d'états sont possibles, affectés d'un coefficient de probabilité ; après la mesure, une seule valeur est réalisée. La mesure s'inscrit ainsi dans le temps : le système après la mesure est différent de celui d'avant la mesure (du moins notre information sur ce système). Ce phénomène d'irréversibilité caractéristique de la mécanique quantique a été mis en évidence par le physicien Werner Heisenberg, qui l'a traduit sous la forme de sa fameuse relation d'incertitude ou d'indétermination :

$$\Delta x.\Delta p \geq \hbar/2 \ (*)$$

où Δx est l'incertitude sur la position (x), Δp est l'incertitude sur l'impulsion ou quantité de mouvement $(p = m\ v)$, et $\hbar = h\ /\ 2\ \pi$ est la constante réduite de Planck.

Cette relation exprime le fait qu'une mesure sur une particule transforme une fonction d'onde en une valeur définie (de la position, par exemple), mais fait perdre, du même coup, toute information sur la grandeur complémentaire (l'impulsion). Cette opération, connue sous le nom de « réduction du paquet d'onde », résulterait de l'interaction d'un objet microscopique (la particule) avec un dispositif macroscopique (l'appareil de mesure). On peut voir dans ce processus de réduction du paquet d'onde une analogie avec l'expérience que nous avons du passé et du futur (cf. deuxième partie. « L'Expérience ») : le temps semble aller de l'ensemble des états possibles (« avant ») vers l'ensemble – réduit – des états réalisés ou mesurés (« après »). La mesure (ou l'observation) crée une brisure de symétrie entre l'« avant » et l'« après ». D'où l'idée de rechercher l'origine de la « flèche du temps » dans la relation entre physique macroscopique (à l'échelle de l'observateur) et microscopique (à l'échelle atomique ou subatomique).

Passons maintenant d'une particule isolée à un grand nombre de particules identiques. Si nous effectuons les mêmes mesures sur chacune de ces particules, la moyenne des valeurs obtenues sera, pour des conditions expérimentales identiques, un résultat reproductible. Effectuer une mesure sur un grand nombre de particules identiques revient à reconstituer le spectre de valeurs de l'une de ces particules, et nous retombons dans le cas de la physique classique, déterministe.

Comme nous l'avons déjà mis en évidence en thermodynamique (au chapitre 3 de cette partie), la nature du temps semble changer lorsque nous passons d'un ordre de grandeur (ici, l'échelle des particules quantiques) à un autre (l'échelle des instruments de mesure). Richard Feynman pense que l'irréversibilité macroscopique peut être entièrement fondée sur la réversibilité microscopique. Lev Landau estime qu'il subsiste une irréversibilité macroscopique, non pas dans l'interaction de deux objets quantiques (car l'équation de Schrödinger est réversible), mais dans l'interaction entre un objet quantique (probabiliste) et un objet classique (déterminé). Selon un théorème de John von Neumann, l'irréversibilité du processus de mesure provient essentiellement du fait que l'intégration se fait par les ondes retardées (cf. « La flèche électromagnétique » au chapitre 3), c'est-à-dire que nous admettons que l'acte de mesure produit son effet après et non avant l'instant où il est effectué.

Temps et instabilité quantique

Nous avons vu, avec la première relation d'incertitude (*), que toute observation ou mesure est une perturbation, ce qui crée une différence fondamentale entre l'état avant et l'état après la mesure, et le caractère incontrôlable de cette perturbation implique que ce processus est irréversible. La mécanique quantique, selon Bohr et Heisenberg (interprétation de Copenhague, a une autre conséquence relative au temps. En effet, à côté de la première relation d'incertitude, il en existe une seconde, qui fait intervenir directement le temps, sous la forme d'un intervalle, donc une durée :

$$\Delta E . \Delta t \geq \hbar/2 \quad (**)$$

Cette inéquation portant sur l'énergie d'une particule et la variable temps peut se traduire par le fait expérimental suivant : Δt est la durée nécessaire à la détection d'une particule d'énergie E avec l'incertitude ΔE. Cet intervalle de temps, caractéristique de l'évolution du système dans l'état d'énergie E, est lié à ΔE, incertitude sur l'énergie du système. C'est l'ordre de grandeur du laps de temps au bout duquel les propriétés du système ont changé de façon appréciable. L'évolution du système est donc d'autant plus lente (Δt grand) que ΔE est plus petit. Ainsi, dans un état d'énergie parfaitement déterminé ($\Delta E = 0$), les propriétés du système sont indépendantes du temps (Δt infini). Un tel état est réalisable en pratique lorsque l'énergie du système est quantifié ; il est dit « stationnaire ». Dans le cas où ΔE n'est pas nul (c'est le cas pour tous les états instables), Δt s'identifie alors à la durée de vie de ces états.

Cette seconde relation d'incertitude (**), malgré une forme analogue à la première (*), ne peut toutefois pas être comprise comme exprimant le caractère complémentaire de deux types de mesures. Le temps n'est pas mesuré, la mécanique quantique ne définit pas d'opérateur « temps ». Mais cette relation exprime le fait que l'incertitude sur le temps Δt est liée à la durée de vie de l'état instable d'énergie, ΔE désignant la dispersion de l'énergie correspondant à cet état, c'est-à-dire la largeur de la raie spectrale. Elle montre que la connaissance précise d'un intervalle de temps n'est pas seulement incompatible avec celle de l'énergie (comme celle de la position avec celle de l'impulsion, selon la première relation), mais encore avec toutes les observables dynamiques (impulsion, nombre de particules, etc.).

Systèmes quantique relativistes et inversion du temps

La seconde relation d'incertitude d'Heisenberg (**) peut aussi s'appliquer en relativité quantique, comme nous allons le voir. En changeant simultanément le sens (le signe) de E et celui de t, cette inégalité est toujours valable. Or changer le signe de E revient à admettre des particules d'énergie négative. Dirac a montré qu'une particule d'énergie négative peut être identifiée à son antiparticule dotée d'énergie positive de même valeur absolue. Cette équivalence nous permet de voir les antiparticules comme des particules remontant le cours du temps. En effet, lorsque l'on remplace l'équation de Schrödinger par une équation d'onde relativiste (équation de Klein-Gordon, équation de Dirac), cette équation admet des solutions à énergie positive et à énergie négative. D'où la nécessité d'une réinterprétation du formalisme : les états d'énergie négative de la particule considérée initialement deviennent des états d'énergie positive pour son antiparticule. Cette antiparticule a même masse et même spin que la particule, mais sa charge électrique est opposée ainsi que toutes les caractéristiques analogues à la charge (nombre baryonique, nombre leptonique, étrangeté, charme…).

Passer de l'univers à l'antiunivers en inversant le cours du temps correspond, dans le langage mathématique, à l'équivalence entre les deux transformations CP et T ou, ce qui revient au même, à l'invariance CPT, c'est-à-dire l'invariance par rapport à la combinaison des opérations de conjugaison de charge (C), conjugaison de parité (P) et inversion du temps (T). C, P et T sont les symétries considérées dans les interactions entre particules. La symétrie C ou conjugaison de charge est respectée si l'interaction de particules est identique à l'interaction des antiparticules correspondantes. La symétrie de parité P est respectée si, pour une interaction possible de particules, l'interaction symétrique (l'image dans un miroir) est aussi possible. La symétrie par rapport au temps T est respectée si, étant donné une suite d'événement, la séquence exactement inverse est aussi possible.

Il a été démontré en théorie quantique des champs (mécanique quantique relativiste) que toutes les interactions doivent être invariantes par la combinaison des trois transformations CPT (« théorème CPT »). Il résulte de cette invariance qu'un photon, étant sa propre antiparticule, peut être considéré comme allant dans les deux sens du temps. Si donc, d'une part, l'univers matériel, constitué de particules dont la vitesse est strictement inférieure à c (vitesse de la lumière), est assujetti à évoluer dans un sens déterminé du temps, et si, d'autre part, le sens du temps pour la lumière est arbitraire, nous pouvons admettre qu'il existe un univers évoluant en sens inverse du temps. La naissance d'une particule équivaut ainsi à la disparition de son antiparticule. « *À l'échelon des particules, rien ne ressemble plus à une naissance qu'une mort. Et pour les antiparticules le temps marche peut-être à l'envers. Il est possible que l'antimatière existe dans l'Univers. Il n'est pas impensable que des galaxies entières d'antimatière se meuvent, pour lesquelles le temps marche à l'envers du nôtre* », imagine Murray Gell-Mann, l'inventeur de la théorie des quarks. Etienne Klein (« Les tactiques de Chronos ») explique que, si la symétrie CP est brisée (ce qui a lieu en passant de la matière à l'antimatière) et « *si l'on suppose que l'invariance CPT est respectée* […], *il faut admettre que la symétrie T est elle aussi brisée, de façon à compenser exactement la symétrie CP. Il y aurait donc une asymétrie entre passé et futur pour les kaons neutres, une sorte de flèche du temps microscopique.* »

Chapitre Cinq

Temps et univers

La flèche cosmologique (suite) – Une nouvelle mesure du temps – L'origine du temps cosmologique – La fin du temps cosmologique – Temps et trous noirs.

LE cosmos est à la fois le plus ancien lieu de mesure du temps, avec l'observation de la régularité du mouvement des astres (soleil, lune, étoiles), et le siège d'événements étroitement liés au temps. Le temps se manifeste aussi dans l'évolution des étoiles : les réactions thermonucléaires, dont elles sont le siège, sont des mécanismes irréversibles. Mais quid des trous noirs et quelle est la structure qui en résulte pour le temps ? Un trou noir est-il un point de rebroussement du temps ?

La flèche cosmologique (suite)

Pour étudier l'évolution de l'univers, nous faisons appel à un modèle cosmologique, c'est-à-dire une succession temporelle d'états de l'espace et de son contenu. L'évolution cosmologique du monde est considérée actuellement comme un univers en expansion, c'est ce modèle cosmologique qui est actuellement reconnu comme « standard ». Nous avons déjà vu au chapitre 3 (« La flèche cosmologique ») que l'expansion crée une direction du temps, et Carlo Rovelli a démontré que ce temps cosmologique est identique au temps d'origine thermodynamique, c'est-à-dire que l'expansion coïncide avec l'augmentation d'entropie de l'univers. « *Incidemment, c'est une importante question de savoir comment et pourquoi notre univers a débuté avec si peu d'entropie* », remarque David Ruelle.

Le « modèle standard » de l'univers résulte de la mesure du spectre des galaxies lointaines, qui est « décalé vers le rouge », c'est-à-dire vers les plus grandes longueurs d'ondes lumineuses. Ce décalage mis en évidence par l'astronome Edwin Hubble en 1929 est expliqué par l'effet Doppler dû à un éloignement des galaxies de l'observateur. Etant donné que la Terre n'est pas un point singulier dans l'univers, nous devons admettre que cet éloignement concerne aussi les galaxies entre elles, la vitesse d'éloignement étant proportionnelle à la distance des galaxies. Si nous remontons dans le temps (chronologie à rebours) ce processus d'expansion généralisée, nous arrivons à un univers de plus en plus dense et de plus en plus chaud. S'ajoute à cela la découverte par Penzias et Wilson en 1964 d'un rayonnement diffus du cosmos, correspondant à une température d'environ 3 K, appelé « rayonnement fossile » et qui serait le résidu du « big bang » à l'origine de l'univers. C'est Fred Hoyle qui a inventé par dérision le terme de « big bang », alors qu'il prônait au contraire pour l'univers la théorie de l'état stationnaire, comportant une création continuelle de matière au fur et à mesure de l'expansion, modèle impliquant un univers éternel et immuable.

Ce modèle, aujourd'hui accepté quasi unanimement par les cosmologistes, pèche par un caractère fondamental : censé être à l'origine d'une certaine « flèche du temps », il fait largement appel à des paramètres dépendant du temps : (1) l'interprétation même du décalage vers le rouge repose à la fois sur une notion de vitesse (distance parcourue par unité de temps) et de fréquence d'onde (nombre d'oscillations d'une onde par seconde) ; (2) l'hypothèse d'un état plus dense et plus chaud qui aurait précédé l'état actuel de l'univers nécessite une chronologie à rebours (« remonter dans le temps ») ; (3) si nous considérons le big bang comme l'origine de l'univers, ce terme même d'origine sous-entend l'idée d'un commencement dans le temps.

Une nouvelle mesure du temps

Nous pourrions évidemment déduire de ce modèle une nouvelle conception du temps, l'expansion de l'univers étant la matérialisation de ce temps. Ce temps cosmologique est une construction possible dans la théorie de la relativité générale. En effet, l'univers est décrit comme un espace-temps courbe par les équations d'Einstein, pour lesquelles il n'y a pas de solutions statiques, mais au moins une solution correspondant à un univers en expansion. Disposant ainsi d'un processus intrinsèquement lié au temps, nous pouvons partir de là pour définir un temps universel, le « temps cosmique », dont l'idée a été lancée par Hermann Weyl dès 1923.

En appliquant ce modèle, Hubert Reeves (« Patience dans l'azur ») suggère de fonder la mesure du temps et de choisir comme unité de temps l'intervalle qui s'écoule *« chaque fois que la distance entre deux galaxies est multipliée par deux... En termes techniques, il s'agit alors d'une échelle logarithmique (au lieu de l'échelle "linéaire" traditionnelle). Dans cette nouvelle échelle, le temps 0 serait le moment présent. Le temps 1 arrivera dans 15 milliards d'années, quand les galaxies seront deux fois plus loin les unes des autres qu'aujourd'hui. Le temps 2 dans 30 milliards d'années plus loin qu'au temps 1. C'est-à-dire dans 45 milliards d'années. Le passé se voit assigner des temps négatifs. Au temps – 1, il y a 7,5 milliards et demi d'années, les galaxies étaient deux fois plus proches les unes des autres que maintenant. Nous voyons les plus lointains quasars au temps – 4, à un moment où les galaxies étaient 16 fois plus rapprochées... (il y a 12 milliards d'années, dans l'échelle traditionnelle). »*

L'origine du temps cosmologique

« *Quelle est la véritable origine du temps cosmologique ?* » se demande Etienne Klein (« Les tactiques de Chronos »). Rappelons que l'idée du « big bang » est née de l'extrapolation vers le passé – ou rétrodiction – à partir de l'observation actuelle du cosmos. D'après cette interprétation, l'univers aurait eu un début en forme d'explosion, le big bang, et l'expansion ne serait autre que la conséquence de cette explosion. La chronologie du big bang revient essentiellement à déterminer à rebours l'état de l'univers, dont la densité et la température augmentent à mesure que l'on « remonte » dans le passé. L'univers actuel résulterait ainsi d'une sorte d'explosion à partir de cet état extrêmement dense et chaud qui se serait produite il y a 12 à 15 milliards d'années.

À ce stade, une remarque s'impose : les lois de la physique classique (la mécanique newtonnienne, non statistique) sont symétriques par rapport au temps, c'est-à-dire que les mouvements que nous voyons évoluer du passé vers le futur peuvent aussi bien être remplacés par les mêmes mouvements du futur vers le passé. Ces lois nous permettent donc, à partir de conditions initiales connues, de déterminer l'évolution d'un corps soumis à des forces connues ; par exemple, un ballon lancé en l'air en un point A au niveau du sol décrit une parabole avant de tomber en un point B, et s'il est lancé à partir du point B avec la même vitesse initiale (mais de signe contraire), il va retomber au point A. Nous utilisons ainsi les équations de la physique pour connaître les positions futures d'un objet, mais nous pouvons utiliser les mêmes équations pour connaître ses positions dans le passé. C'est ce qu'ont fait autrefois les astronomes pour décrire le mouvement des astres, et aujourd'hui les cosmologistes pour élaborer leur fameuse théorie du big bang.

Selon cette théorie, on peut calculer l'âge de l'univers en fonction des dimensions R de celui-ci, R étant une fonction du temps t, diminuant inexorablement à mesure que l'on remonte dans le passé, jusqu'à une valeur nulle ou quasi nulle. Si t désigne le moment présent et t_0 celui de la naissance de l'univers, l'âge de l'univers est donné par la formule $t_U = t - t_0$. Mais, en remontant suffisamment loin dans le passé, et en se rapprochant du big bang, nous arriverions à un stade où les dimensions de l'univers seraient inférieures à la « longueur de Planck » (de l'ordre de 10^{-35} m). À cette échelle, la théorie de la relativité, qui s'applique à l'univers soumis aux champs gravitationnels, ne convient plus. Des effets quantiques modifient probablement la texture de l'espace-temps, qui pourrait être granulaire. J.P. Luminet et M. Lachièze-Rey suggèrent d'interpréter cette échelle de Planck comme un « horizon microscopique » qui occulte les infinis gravitationnels des singularités d'espace-temps. Le moment de l'histoire cosmique correspondant à cet « horizon de Planck » est appelé « ère de Planck ». Au voisinage de cet horizon, l'univers serait un système physique quantique relativiste, pour lequel le temps, comme nous l'avons vu à la fin du chapitre 4 (« Systèmes quantiques relativistes et inversion du temps »), soit n'existe pas, soit est totalement différent du temps que nous pouvons expérimenter.

Cet horizon est aussi la frontière de nos connaissances, un « mur » au-delà duquel aucun raisonnement scientifique n'est plus possible. En effet, le big bang implique un point singulier de densité, température et énergie infinies, que ni les lois physiques ni les équations mathématiques ne nous permettent de traiter. Avant même d'atteindre ce point singulier, à l'échelle de la longueur de Planck, nous ne savons plus traiter le temps ; et l'argument selon lequel tout événement a une cause n'est plus valable. Au-delà de ce niveau, J.P. Luminet et M. Lachièze-Rey proposent, parmi les différentes visions de l'espace-temps à cette échelle, une structure qui pourrait être floue ou totalement chaotique.

Par ailleurs, nous avons souligné précédemment la difficulté, voire la quasi-impossibilité de la rétrodiction, dans le contexte de l'irréversibilité (cf. « L'irréversibilité en physique, non-rétrodiction », au chapitre 3) : un même état de désordre peut être considéré comme le résultat non pas d'un, mais d'un grand nombre d'états initiaux ordonnés : à partir d'un objet cassé au sol, il n'est pas possible – sauf si l'on dispose d'informations annexes, par exemple sur la personne qui tenait l'objet – de dire avec exactitude quel était l'état de cet objet, sa position, sa forme, éventuellement son contenu, etc., avant de tomber ; d'une tasse contenant du café au lait, il est difficile de dire si le lait était au fond avant de verser le café, ou s'il a été versé sur le café. Dans le cas de l'univers, contrairement à ce qui a été préconisé en physique statistique, les astrophysiciens se servent pourtant des observations « présentes » pour en déduire le passé, c'est-à-dire les phases antérieures de l'univers, voire son origine, si toutefois l'idée d'origine de l'univers a un sens.

Rappelons enfin que les considérations précédentes de cette troisième partie nous ont amené à admettre que le temps est associé à des événements physiques se produisant dans l'univers, plutôt que de lui être imposé comme un arrière-plan transcendant. Il s'ensuit que l'univers est contemporain du temps lui-même. Les concepts mêmes d'origine, de commencement et de fin n'ont donc aucun sens s'appliquant au temps. Puisque ces concepts se placent nécessairement dans le temps, ils sont marqués par un moment, une partie, pris dans le « cours » du temps. Une partie d'une entité, définie en fonction de cette entité, ne peut aucunement servir à définir cette entité. Autrement dit, le monde a-t-il commencé à un instant donné ou le temps est-il relatif à l'existence du monde ?

Nous retrouvons là une réflexion proche de celles de Saint Augustin et de Philon d'Alexandrie qui, contournant ainsi la question délicate de l'activité divine, et par là même du temps, ont fait remarquer qu'il n'y avait pas d'*avant* parce que le temps fait partie intégrante de l'ordre créé. Cette approche philosophico-théologique peut se traduire pour les scientifiques comme suit : l'univers a dû connaître une singularité spatio-temporelle ; avant cette singularité, l'univers n'existait pas, après il existe. Les deux concepts (temps et espace) cessent d'exister avant cette singularité. « *Le commencement du temps est ce moment où les constantes et les lois de la nature apparaissent ex nihilo en parfait état de marche* », résume John D. Barrow. Puisque donc l'idée d'origine (pour le temps comme pour l'univers) n'a pas de sens, nous préférons parler de « conditions initiales » ou de « conditions aux limites », ce qui nous ramène au formalisme physico-mathématique (cf. 4ᵉ partie, « Formalismes mathématiques »). « *Ce qui singularise vraiment le problème des conditions initiales cosmologiques, c'est qu'elles engendrent des conséquences métaphysiques* », poursuit John D. Barrow. « *Et comme ces conditions initiales se sont mises en place il y a plus de dix milliards d'années quand l'univers ressemblait à un immense laboratoire de physique des hautes énergies, leur prise en compte engendre une convergence entre la cosmologie et nos conceptions sur la structure ultime des particules élémentaires. La question de la nature et de l'état présent de l'univers est inextricablement liée à celle de la nature et de l'état présent de la physique fondamentale.* »

La fin du temps cosmologique

De la fin du temps cosmologique, nous devrions pouvoir en dire plus que du commencement, puisque c'est de prédiction qu'il s'agit. Et pourtant, il n'existe guère de théorie pour cela, si l'on excepte celle du « big crunch », une sorte de big bang à l'envers, ce qui suppose que l'expansion s'arrête à un certain stade et qu'ensuite l'univers se contracte. Cette hypothèse est de moins en moins soutenue par les scientifiques.

Selon le modèle « standard », l'univers irait vers une expansion et une uniformisation, évoluant vers toujours plus de désordre, à l'instar de la goutte de lait blanc et froid qui se répand dans le café noir et chaud. Jusqu'où ce désordre peut-il aller ? Existe-t-il un désordre total, parfait, qui, une fois atteint, plus rien ne bougerait ? Ce serait la fin du temps.

Temps et trous noirs

Un trou noir est un corps extrêmement dense, dont le champ gravitationnel est tellement intense qu'il empêche toute matière et tout rayonnement de s'échapper. C'est le stade ultime de l'« effondrement gravitationnel » d'une étoile. Sa physique est décrite par la théorie de la relativité générale. Toute particule, matérielle ou lumineuse, arrivant à proximité du trou noir ne peut être dirigée que vers le centre du champ gravitationnel. On appelle horizon la limite au-delà de laquelle aucune particule ne peut sortir. On ne peut donc pas observer directement un trou noir, seules ses conséquences sont observables. En particulier, un objet proche de l'horizon du trou noir peut émettre de la lumière, mais celle-ci met d'autant plus longtemps à nous parvenir que la lumière émise est proche de l'horizon. À la limite, la durée deviendrait infinie pour un rayon lumineux émis à l'horizon. Le trou noir apparaît ainsi comme une singularité de l'espace-temps. À deux titres. D'abord, selon J.P. Luminet et M. Lachièze-Rey, « *la singularité du trou noir apparaît comme un bord de l'espace-temps, au même titre que l'infini spatial. Elle marque véritablement une fin du temps, une absence de futur pour tout explorateur du trou noir.* » Ensuite, encore plus singulièrement, comme l'énonce Aurélien Barrau, « *l'intérieur des trous noirs est bien étrange lui aussi : le temps s'y change en espace et l'espace en temps. Le centre, la singularité, marque en quelque sorte l'achèvement du temps. [...] Chaque fois qu'un horizon est franchi, la direction de l'espace et du temps s'échangent l'une en l'autre.* »

Ces considérations relatives aux trous noirs mettent aussi en question la singularité que représenterait l'origine de l'univers. En effet, d'après la théorie des trous noirs, en remontant dans le temps vers le big bang, on arriverait à un système tellement dense qu'il remplirait les conditions d'un trou noir ; l'univers tout entier serait donc un trou noir, ce qui paraît en contradiction avec un univers en expansion. La théorie du big bang contient donc une contradiction intrinsèque, ce qui nous empêche de la prendre sérieusement en compte comme base du temps cosmologique et, en tout cas, l'écarte de la position de candidat à une soi-disant « origine du temps ».

Chapitre Six

Considérations sur le temps scientifique

L'ordre du temps et ses paradoxes – Le temps : une « invention » des physiciens – Concilier science et expérience.

DANS les chapitres précédents de cette troisième partie, nous avons mis en évidence deux types d'ordre, causal et entropique, dans la nature. Pour les deux conceptions (causale et entropique), la direction du temps est précisée, alors que les lois déterministes sont caractérisées par la réversibilité dans le temps. Nous avons vu aussi que certains événements courants seraient hautement improbables si l'on inversait le sens du temps. C'est ce que l'on désigne par l'irréversibilité.

L'ordre du temps et ses paradoxes

Certains physiciens, comme John Wheeler, Richard Feynman ou Fred Hoyle, estiment que les différentes « flèches du temps » (cosmologique, électromagnétique, thermodynamique) sont en relation. Ces trois flèches peuvent s'exprimer comme suit : l'univers est en expansion, des ondes électromagnétiques sont émises d'une lampe après avoir allumé celle-ci (et non avant), et l'entropie est croissante (ce qui équivaut à dire que le mouvement perpétuel est une impossibilité). En fait, chacune de ces trois propositions implique nécessairement les deux autres, comme ont tenté de le prouver les scientifiques cités.

Peut-on assimiler ces différentes flèches du temps à un ordre chronologique, à un ordre causal ? Peut-on identifier ces deux ordres ? La réponse est non : un événement A ne précède pas un événement B parce que A est la cause de B. Si l'entropie de A est inférieure à celle de B, cela ne signifie pas que A est la cause de B. A ne précède pas B parce que son entropie est plus faible. (Pourtant cela peut être vrai si l'on applique l'entropie à la totalité de l'univers. Mais a-t-on le droit de le faire ?) La relation de causalité n'est pas une relation d'ordre total, comme nous le verrons au chapitre 6 de la quatrième partie (« Temps et relations d'ordre »). L'ordre chronologique l'est-il ? La théorie de la relativité a démontré que non.

La notion de causalité elle-même a été remise en question par le paradoxe EPR (Einstein-Podolski-Rosen) en introduisant la possibilité d'interaction sur des intervalles du genre espace en physique relativiste. L'expérience de pensée est la suivante : deux voyageurs partent d'un point P. L'un va en Q, l'autre en R. En P on a placé une boule dans une boîte. Les deux voyageurs ont une boîte, l'une est vide, l'autre contient la boule. En arrivant en Q, le premier voyageur ouvre sa boîte. En voyant le contenu de celle-ci (pleine ou vide), il en déduit le contenu de la boîte au point R. Dans un contexte classique, l'événement objectif (la distribution des boîtes) a eu lieu en P. Cette histoire peut être transposée au cas quantique, chaque voyageur étant remplacé par une particule, les deux particules étant liées par un principe de conservation : la somme de leurs spins est nulle, donc si le spin de l'une est $+½$ celui de l'autre sera automatiquement $-½$. L'état de l'une des particules est connu après passage dans un instrument de mesure, et l'état de l'autre en est immédiatement déduit. Dans ce cas, l'événement objectif a lieu simultanément en Q et en R, quelle que soit la distance qui sépare ces deux points, comme s'il pouvait y avoir communication instantanée (donc à une vitesse supérieure à **c**) entre ces deux points, ce que la relativité récuse. D'où conflit entre relativité et mécanique quantique. C'est cela, le paradoxe EPR, expliqué dans un nouveau cadre de non-séparabilité et non-localité développé par le physicien Alain Aspect vers 1980 : deux particules intriquées forment un seul et unique système, et restent ainsi intimement liées, comme si une fois intriquées l'espace n'existait plus pour elles, contrevenant au principe de séparabilité imposé par la physique relativiste.

Pour résoudre ce paradoxe, il faudrait par exemple adopter une conception symétrique de la causalité : à la causalité passé-futur, qui est une réalité de fait, s'ajouterait une causalité futur-passé (un flux causal venant du futur et allant vers le passé), tout aussi légitime. Autre solution possible : si nous admettons la présence des tachyons évoquée au chapitre 4 (« Temps et relativité ») et si ceux-ci peuvent transporter de l'information, alors le paradoxe EPR n'en est plus un. Peut-être ces deux solutions sont-elles équivalentes. Le physicien David Bohm est à l'origine d'une théorie alternative à la mécanique quantique, impliquant une relation a-causale : l'« ordre implicite » ou « implié » (« invelopped order », « hidden order », « implicate order »). Selon cette théorie, l'espace et le temps ne sont plus les facteurs dominants qui déterminent les relations de dépendance ou d'indépendance entre les éléments. Un type entièrement différent de relations fondamentales est possible, dont nos notions ordinaires de temps et d'espace, ainsi que celles relatives à des particules existant séparément, deviennent des abstractions de formes dérivées d'un ordre plus profond. Ces notions ordinaires apparaissent dans ce qui est appelé l'« ordre explicite » (ou « déplié »), qui est une forme spéciale et distincte contenue dans la totalité générale de tous les ordres implicites.

Le temps : une « invention » des physiciens

Que de chemin parcouru depuis Newton et ses « Principia Mathematica » où, le premier, il postulait l'existence objective d'un temps universel ! Cette variable physique, que nous avons pris l'habitude de désigner par t, n'est pas observable, mais, incluse dans toutes les lois de la mécanique et de la dynamique, c'est elle qui semble régir toutes les grandeurs observables, que nous avons pris l'habitude de désigner par des fonctions de la variable t, $A(t)$, $B(t)$, $C(t)$,... Après avoir été largement suivie par les physiciens, cette conception a été détrônée par la théorie de la relativité d'Einstein d'abord, puis par la mécanique quantique, ainsi que par les tentatives de réunification de ces deux branches de la physique.

Ces développements de la physique ont sensiblement affecté le caractère universel du temps. Pire, les physiciens relativistes et les spécialistes de la mécanique quantique ne sont même pas parvenus à la même notion de temps. Pour essayer de résoudre la contradiction, certains, notamment les partisans de la relativité générale, sont a priori ouverts à l'idée d'une réalité atemporelle, tandis que les théoriciens des supercordes (une théorie tentant d'unifier la relativité et la mécanique quantique [cf. ANNEXE 7]) optent plutôt pour un temps « pur et dur ». Une synthèse de ces deux théories sous la forme de la « gravité quantique à boucles » (Carlo Rovelli et Lee Smolin) peut aussi aboutir à la suppression pure et simple du temps, comme le suggère Carlo Rovelli : « *Pour conceptualiser la temporalité, le devenir et l'évolution d'une façon qui soit compatible tant avec la mécanique quantique qu'avec la relativité générale, c'est-à-dire qui puisse fonder une théorie quantique de la gravitation, la meilleure option est d'abandonner la notion de temps tout entière, un peu comme nous avons abandonné la notion de couleur pour décrire la matière au niveau atomique.* » C'est d'ailleurs le résultat auquel sont parvenus, quelques décennies plus tôt, les physiciens John Wheeler et Bryce DeWitt à la fin des années 1960, en écrivant leur équation fondamentale de la gravité quantique, également appelée « fonction d'onde de l'univers » ou « équation de l'univers », intégrant la théorie quantique et la relativité générale [cf. ANNEXE 8]. En effet, l'équation de Wheeler-DeWitt, contrairement à celle de Schrödinger, ne contient pas le paramètre t.

Généralement, les physiciens parviennent à se débarrasser du temps dans leurs équations en reliant entre eux des systèmes physiques directement, sans passer par le truchement du temps. C'est d'ailleurs ce qui se passe lorsque nous mesurons la durée d'un phénomène à l'aide d'une horloge, quelle qu'elle soit : nous mettons en relation différentes phases du phénomène à mesurer avec différentes positions de l'horloge. En reprenant la notation ci-dessus, nous ne devrions pas parler des fonctions $A(t)$, $B(t)$, $C(t)$,..., puisque nous n'observons que les quantités A, B, C,... et leurs variations conjointes, c'est-à-dire que nous n'avons accès qu'aux fonctions $A(B,C,...)$, $B(A,C,...)$, $C(A,B,...)$,... « *Ce que nous mesurons en réalité n'est jamais le temps, mais toujours quelque variable physique qui change "avec le temps"* », souligne Carlo Rovelli. Ainsi, « *pour certains physiciens, le temps est comme une monnaie qui rend le monde plus facile à décrire, mais qui n'a pas d'existence propre* », explique Craig Callender. L'introduction de la notion de temps en physique – l'« **invention** » du temps par les physiciens – serait donc comparable à l'invention de la monnaie en économie, là où régnait le troc. Une « monnaie » définie, comme le suggère Henri Poincaré, « *de telle façon que les équations de la mécanique soient aussi simples que possible.* »

Dès lors, nous pouvons admettre que la mécanique n'est autre qu'un ensemble de relations entre des variables, la variable t dans les équations non-relativistes jouant simplement le rôle d'un paramètre d'évolution. (En mécanique relativiste, le paramètre t est à remplacer par la variable d'espace-temps s ; quant à la théorie quantique, elle n'admet pas la notion triviale d'évolution.) Pour Carlo Rovelli, « *l'idée d'un temps indépendant des événements qui s'y déroulent est fausse. Le temps, en soi, n'existe pas, il n'est qu'une tentative que nous avons faite pour mettre de l'ordre dans le ballet complexe du réel.* » L'espace-temps de la relativité ne serait qu'une approximation qui perd son sens dans la théorie quantique, pour la même raison que la trajectoire d'une particule, par exemple. Il en va de même de nombreuses quantités physiques qui nous sont familières et qui disparaissent à un niveau de description plus profond, comme les notions de surface d'un liquide, de température ou de couleur. « *Finalement on ne mesure jamais le temps, mais une variable par rapport à une autre. On peut comparer ce problème à celui de la couleur [...]. Il fallait retrouver dans la matière, qui n'a pas de couleur, ce qui lui donne la couleur. Dans le cas du temps, nous devons comprendre dans quelles conditions il apparaît et ce qui nous donne cette expérience du temps* », résume Carlo Rovelli.

Selon d'autres physiciens (Claus Kiefer, de l'université de Cologne, ou Thomas Banks, de l'université de Californie à Santa Cruz), l'univers, s'il est dépourvu de temps, est composé de parties pouvant servir d'horloges aux autres parties. Nous percevons le temps parce que nous sommes, par nature, un de ces éléments de l'univers. Si l'on adopte ce point de vue, comment les physiciens pourront-ils reconstruire le temps de l'expérience ? Le temps ne se manifestant que lorsque nous décomposons l'univers en sous-systèmes, il s'agit de comprendre comment le temps émerge des corrélations existant entre ces sous-systèmes.

Concilier science et expérience

À ce stade, nous sommes perplexes : des scientifiques démontrent que l'univers est dépourvu de temps, alors que nous faisons constamment l'expérience des contraintes qu'il nous impose. « *Si la flèche du temps est une donnée conscientielle, il nous est bien naturel, licite dirions-nous, de rechercher cette même flèche du temps dans le monde physique, car la conscience que nous avons de toutes choses et de nous-mêmes n'exclut pas, ou tout au moins ne semble pas exclure que nous ne fassions partie du monde et que la cohérence dont nous sentons le besoin en nous-mêmes ne soit pas la cohérence même du monde.* » Cette conviction de Jean Monge, que la conscience que nous avons du temps doit être liée à la nature de celui-ci est partagée par de nombreux scientifiques et philosophes des sciences, notamment A. Grünbaum : « *La moderne théorie de l'information et la thermodynamique expliquent plusieurs traits importants du sentiment subjectif du temps sur la base de la participation de l'organisme humain à la légalité entropique de la nature physique.* »

Comment le temps éprouvé (cf. 2e Partie, « L'Expérience ») peut-il être absolument subjectif et intrinsèquement lié à la conscience de celui qui l'éprouve, alors que le temps de la science (celui étudié dans cette troisième partie, « La Science ») est traité comme s'il était indépendant de la conscience, non seulement dans les lois physiques, mais aussi dans la chronologie (l'histoire, la biologie, l'univers…) ? Comment sortir de cette contradiction ? D'abord soulignons, comme le rappelle James Tyson, que de nombreuses révolutions dans la pensée scientifique se sont produites lorsque quelqu'un s'est rendu compte que notre expérience diffère du monde physique réel, et que nos sens, nécessairement limités, ont tendance à cacher ou altérer certains aspects de la réalité. Dans certains cas, ce que nous admettons comme « réel » est en fait un sous-ensemble d'une réalité plus large, tandis que dans d'autres cas nous « augmentons » la réalité physique par une combinaison de souvenirs, de raisonnement et d'imagination. C'est ainsi que la notion de temps est une construction mentale très utile, et nos sens et notre conscience sont enclins à percevoir le monde à travers ce prisme, bien que cette notion puisse n'avoir pas de fondement dans la réalité physique.

Certes, le changement existe dans le monde physique, mais notre expérience humaine le perçoit grâce à la mémoire, c'est-à-dire à une fonction de la conscience. La mémoire à court terme est capable d'organiser les événements dans un ordre dit « chronologique ». Quant à la mémoire à long terme, elle doit utiliser des capacités de raisonnement et faire appel à des aides externes (horloges, calendriers, journaux, livres d'histoires, encyclopédies…) pour restaurer l'ordre chronologique des événements passés. Le changement existe aussi dans notre existence intime, avec une évolution en apparente contradiction avec celle de notre environnement : « [La vie] *n'a pas le pouvoir de renverser la direction des changements physiques, telle que le principe de Carnot la détermine. Du moins se comporte-t-elle comme une force qui, laissée à elle-même, travaillerait dans la direction inverse. Incapable d'arrêter la marche des changements matériels, elle arrive cependant à la retarder* », déclare Henri Bergson (« L'évolution créatrice »).

« *Si le temps est un processus mental, comment peut-il appartenir à la fois à des milliers d'hommes ou même à deux hommes différents ?* » s'interroge Jorge Luis Borges (« Nouvelle réfutation du temps »). Nous pouvons cependant accepter cette notion de temps, tout abstraite et superflue soit-elle, parce que la plupart des changements que nous observons semblent interconnectés, depuis le mouvement des planètes jusqu'aux oscillations d'un atome, en passant par le mouvement circulaire des aiguilles des horloges et les battements de notre propre pouls – du moins approximativement. Et donc « notre » temps avec celui d'autrui. C'est cette « concordance » qui nous permet de calculer la position sur nos montres ou nos calendriers (horloges) qui coïncidera avec la survenue d'un événement dit périodique (la position d'un astre dans le ciel, par exemple). D'ailleurs les montres, horloges et calendriers seraient inutiles s'ils ne pouvaient pas être synchronisés. C'est le fait que cette possibilité existe qui nous fait croire que le temps existe aussi (cf. « Mesurer la durée », chapitre 2 de cette partie).

D'ailleurs cette notion n'est pas vraiment superflue pour les êtres vivants que nous sommes. On peut en effet supposer que l'évolution a favorisé cette capacité de mémorisation : c'est le souvenir des menaces passées qui nous permet d'éviter les dangers présents, ou de nous en protéger. De même, notre capacité à nous projeter dans le futur répond à une nécessité semblable : prévoir le retour du jour après la nuit, la succession des saisons, des années, etc., ainsi que l'effet après la cause. Dès lors, le temps et, avec lui, ce que nous percevons comme l'évolution temporelle ou « flèche du temps », ne serait autre qu'une faculté « utile » de la conscience pour l'ensemble du monde animal. Et aussi une faculté liée au besoin de connaissance et à la recherche de certitudes propres à l'humain. Thomas Bayes énonce le principe suivant (sur les probabilités et les statistiques) : *« Si la vie et la conscience explorent en fait la dimension temporelle de l'univers dans le sens qui fait apparaître les entropies comme croissantes et les actions comme retardées, c'est peut-être parce qu'elles sont obligées par nature de regarder dans le sens où est la certitude et de tourner le dos à celui où est l'incertitude. »* O. Costa de Beauregard est également partisan d'une telle conception de l'évolution et de l'adaptation de l'homme à son environnement : *« Nous sommes fortement inclinés à penser que la flèche biologique et psychologique du temps, telle que nous la connaissons, doit représenter une adaptation nécessaire de la vie et de la conscience aux conditions de l'univers quadridimentionnel. »*

Car dans tous les phénomènes où est mise en évidence une « flèche du temps », notre présence, non seulement en tant que sous-système de l'univers, mais aussi en tant qu'être vivant, et individu observant ou pensant, est essentielle. La causalité qui préside à l'ordre temporel est la mise en relation entre deux événements par une pensée logique, tandis que l'irréversibilité est liée à l'observateur, à l'information qu'il possède – ou qu'il cherche à obtenir – des objets observés, ainsi qu'à l'auto-observation (l'évolution que chacun peut percevoir dans son corps, de l'enfance vers l'âge mûr et vers la vieillesse). D'où cette idée du temps, qui paraît vieille comme le monde, même si elle diffère d'une population à une autre (cf. 1re partie, « Le Mythe ») et cette « expérience du temps » si particulière, et que nous avons tant de mal à expliquer (cf. 2e partie, « L'Expérience »).

Intermède
Les donneurs de temps (3-4)

« When forty winters shall besiege thy brow,
And dig deep trenches in thy beauty's field,
Thy youth's proud livery, so gazed on now,
Will be a tattered weed of small worth held. »
   (Shakespeare)

« Si le genre humain durait assez longtemps en l'état où il est maintenant, un temps viendrait où la vie même des individus repasserait au détail près par les mêmes circonstances. Moi-même, par exemple, demeurant dans une ville appelée Hanovre, située au bord de la rivière Leine, occupé à l'histoire de Brunswick, écrivant aux mêmes amis des lettres ayant les mêmes significations. »
   (G.W. Leibniz)

« Ja, aus der Welt werden wir nicht fallen,
Wir sind einmal darin. »
[Nous ne tomberons jamais hors du monde,
Nous sommes dedans une fois pour toutes.]
   (D. Ch. Grabbe, « Hannibal »)

« Le monde fut conçu, non pas dans le temps, mais simultanément au temps. Car ce qui est conçu dans le temps est conçu à la fois après et avant un temps – après celui qui est passé, avant celui qui viendra. Mais rien ne peut être passé, car il n'existait aucune

créature dont les mouvements auraient pu permettre de mesurer sa durée. Le temps et le monde furent créés simultanément. »
(Saint Augustin, « La cité de Dieu »)

« La philosophie est écrite dans ce très grand livre qui est continuellement ouvert devant nos yeux (je veux dire l'univers), mais il ne peut être compris à moins que d'abord on en apprenne le langage, et que l'on connaisse les caractères dans lesquels il est écrit. Il est écrit en langage mathématique. »
(Galilée)

« La sensation de l'"éternité", sentiment comme de quelque chose de sans frontière, sans borne, pour ainsi dire "océanique". [...] Ce sentiment est un fait purement subjectif, pas un article de foi ; aucune assurance de survie personnelle ne s'y rattache, mais il est la source de l'énergie religieuse, qui est captée, dirigée dans des canaux déterminés et certainement même absorbée en totalité par les diverses Églises et systèmes de religion.. »
(Freud, 1929-1930)

« Devons-nous, en grandissant (en devenant "adulte" ou "moderne") découvrir le Temps et perdre l'Eternité ?
Le pouvoir du temps ne prendra-t-il jamais fin ?
La lumière dispose d'un temps qui lui est compté, mais le règne de la Nuit n'a de mesure ni d'étendue. La durée du sommeil est infinie. »
(Novalis, « Hymnes à la Nuit »)

« L'univers est un, infini et immobile. [...] Il ne se meut pas d'un mouvement local, parce que rien n'existe hors lui vers quoi il puisse se porter, étant entendu qu'il est tout. [...] Rien n'existe hors lui en quoi il puisse se changer, étant entendu qu'il est toutes choses. Il ne peut diminuer ni s'accroître, étant entendu qu'il est infini. »
(Giordano Bruno)

« Voir un Monde dans un grain de sable
Et un Ciel dans une fleur sauvage
Tenir l'Infini dans la paume de ma main
Et l'Eternité dans une heure. »
(William Blake, « Augures d'innocence »)

« La cause n'est pas toujours définissable en termes mathématiques univoques. Elle est un état choisi parmi d'autres états possibles. »
(Henri Bergson)

« Le temps est la direction de l'espace-temps dans laquelle nous pouvons raconter les histoires les plus informatives. Le récit de l'univers ne se déroule pas dans l'espace ; il se déroule dans le temps. »
(Craig Callender)

« Il n'y a aucune différence entre le temps, quatrième dimension, et l'une quelconque des trois dimensions de l'espace sinon que notre conscience se meut avec elle. »
(H.G. Wells, « La machine à explorer le temps »)

« Pour nous, physiciens convaincus, la distinction entre passé, présent et futur n'est qu'une illusion même si elle est persistante. »
(Albert Eintein)

« L'univers consiste en accidents appartenant à une substance simple qui est la Réalité de toutes les existences. Cet univers est modifié et renouvelé incessamment. À chaque instant, un univers est annihilé et un autre, semblable, prend sa place. »
(Ibn Arabi)

« Le temps est une imitation de l'éternité, comme le devenir est une imitation de l'être, et la pensée est une imitation de la connaissance. Dans le temps, toutes choses vont et viennent ; dans l'éternité, elles restent immuables. »

(A.K. Coomaraswamy)

« C'est déjà une belle énigme que le monde puisse être décrit par les mathématiques, mais qu'il puisse l'être par des mathématiques simples, du type de celles que l'on peut comprendre aisément après seulement quelques bonnes années d'études, et voilà l'énigme qui se double d'un mystère. »

(John D. Barrow)

Quatrième partie

Formalismes mathématiques

CETTE partie devrait être la plus importante de cet ouvrage si nous estimons – ce qui est le cas de nombreux philosophes qui se sont penchés sur ce sujet – que le temps est une création humaine, qu'il s'agisse de la culture, de la conscience (temps subjectif) ou de la science (temps comme contexte des phénomènes de la nature tels qu'ils sont décrits par des hommes). Et pourtant le lecteur constatera qu'il ne s'agit que d'une ébauche, largement incomplète et peu satisfaisante.

De plus, cette partie pourra sembler redondante par rapport à la précédente, puisque le formalisme mathématique est bien celui qu'utilisent les physiciens pour exprimer leurs lois. Mais nous essayerons de nous focaliser sur ce que ce formalisme – explicite ou implicite – implique sur la représentation mathématique du temps. « *Nous n'observons pas les lois de la nature : nous contemplons leurs conséquences. Du fait que ces lois trouvent leur représentation la plus puissante sous forme d'équations mathématiques, nous pourrions dire que seules se dévoilent les solutions de ces équations et non les équations elles-mêmes.* » C'est cette déclaration de John D. Barrow qui va nous guider au long de cette quatrième partie.

De même que pour la troisième partie, nous avons partagé celle-ci en 6 chapitres :
1. **Temps et mathématiques** – 2. **Modèles géométriques** – 3. **Structures algébriques pour le temps** – 4. **Temps et analyse** – 5. **Temps et topologie** – 6. **Temps et arithmétique.**

Chapitre Un

Temps et mathématiques

Des modèles pour le temps – Le modèle conventionnel.

Des modèles pour le temps

L'objectif de la science est de fournir des formalismes et des modèles pour l'objet étudié, en l'occurrence le temps. Or nous n'avons pas réussi à dégager de modèles dans notre étude scientifique. Au contraire, nous avons plutôt senti la réalité physique du temps nous « filer entre les doigts », s'évanouir comme si ce n'était qu'un fantôme, une illusion créée par les hommes, qu'ils soient scientifiques ou littéraires, ingénieurs ou artistes, réalistes ou mystiques. Et, bien que les équations de la physique (mécanique classique, quantique, relativiste, cosmologique, etc.) contiennent la variable temps, nous ne les considérons pas comme des formalismes permettant de représenter le temps.

Le temps étant une construction de la conscience, nous ferons appel à des outils conçus par la conscience, le raisonnement et la logique, avec le formalisme le plus rigoureux, en l'occurrence les mathématiques. Sans perdre de vue qu'il s'agit là d'un pur artifice, d'une construction mentale, et non de la représentation d'une réalité physique, quelle qu'elle soit. Le formalisme a pour objectif reconnu d'exprimer sous forme mathématique, donc abstraite, un phénomène, en vue de sa généralisation et d'une meilleure compréhension.

Le parti pris des scientifiques, et singulièrement des mathématiciens, a toujours été de simplifier au maximum le formalisme et de réduire autant que possible le nombre d'hypothèses et le nombre d'inconnues. Ainsi, le traité « Eléments de mathématiques » de Nicolas Bourbaki tente de construire la totalité de l'édifice algébrique sur une base axiomatique à partir d'un très petit nombre d'hypothèses. Le non moins illustre cours de « Physique théorique » de Landau et Lifchitz déduit toute la mécanique du principe de moindre action. Bien avant eux, Euclide a fondé la géométrie à partir de cinq postulats (dont le dernier est resté fameux pour la conjecture qu'il a suscité) dans ses célèbres « Éléments ». Le modèle cosmologique de Galilée et Copernic s'est substitué à celui géocentrique de Ptolémée, car il permet de décrire tous les mouvements des astres beaucoup plus simplement si l'on admet que c'est le soleil qui est immobile et la terre et les autres planètes qui tournent autour de lui. Et il en va de même pour le temps, comme l'a résumé Poincaré : « *Le temps doit être défini de telle façon que les équations de la mécanique soient aussi simples que possible.* »

Les modèles mathématiques sont nécessairement simplifiés. Si les modèles étaient aussi complexes que l'univers lui-même, ils ne serviraient à rien. De même que la carte n'est pas le territoire, la fonction de celle-là étant de fournir uniquement les détails qui peuvent aider son utilisateur dans un ensemble de situations donné. Si la cohérence et la complétude de ces modèles est un idéal, nous sommes conscients qu'il est peu probable de l'atteindre, ne serait-ce que pour des raisons intrinsèques aux mathématiques (théorème d'incomplétude de Gödel). « *Nous nous posons une question qui semble naturelle et nous commençons à y travailler, et souvent nous trouvons la réponse (ou quelqu'un d'autre la trouve). [...] La chose surprenante est que, à cause du théorème de Gödel, nous n'avions aucune garantie que la question puisse être résolue. Nous ne savons pas pourquoi le monde de la vérité mathématique nous est accessible, et nous nous émerveillons qu'il le soit. La compréhensibilité de l'univers physique en termes de structures mathématiques n'est pas moins étonnante.* [...] *Et la chose incroyable est que nous puissions sonder les profondeurs de cet univers, et le comprendre* », déclare David Ruelle.

Nous présenterons dans cette partie des modèles mathématiques qui paraîtront évidents, tant ils ont été associés étroitement à la représentation du temps, notamment par les physiciens, mais nous avancerons aussi des modèles plus insolites, voire complètement originaux. Nous pensons, en effet, avoir « inventé » des rapprochements entre certaines branches des mathématiques et la représentation du temps. Bien qu'imparfaits, comme toute représentation, ces rapprochements permettent de rendre compte de caractéristiques du temps, pourtant fondamentales, qui ne sont pas intégrées par les autres modèles.

Nous sommes conscients de l'imperfection et de l'inexactitude de certaines des avancées que nous proposons dans cette partie. Elles vont peut-être choquer le lecteur mathématicien, et nous le prions par avance de nous en excuser, mais nous souhaitons que ces ébauches constituent des pistes pour explorer de nouveaux modèles et nous invitons les mathématiciens à les approfondir, si possible, de manière à les rendre plus exacts et plus complets.

Le modèle conventionnel

Les mathématiques sont un outil servant à organiser des objets abstraits (nombres, structures, objets algébriques et géométriques…) et à raisonner sur ceux-ci. Pour les utiliser comme outil scientifique, il faut incarner ces objets abstraits en objets relatifs à la science : masse ou autre mesure physique, monnaie ou autre valeur comptable, par exemple. Rien ne nous empêche de les appliquer à l'étude du temps, à condition d'être conscient de ce passage de l'abstraction pure des mathématiques à la réalité.

C'est ce que font les physiciens, en traduisant des concepts abstraits comme l'espace, le temps, le mouvement... en variables, et les lois physiques en équations de ces variables. Ils ont ainsi introduit des équations pour décrire le mouvement des corps (mécanique) en fonctions des variables spatiales (x, y, z), temporelle (t) ou des dérivées de ces variables (dx/dt, d^2x/dt^2, etc.). C'est ainsi que le temps figure dans les équations de la physique, depuis Newton et Galilée jusqu'à nos jours.

Dans ces équations, le modèle classique, implicitement admis et reconnu par les scientifiques de tous bords (non seulement les physiciens, mais aussi les chimistes, biologistes, historiens, géologues, psychologues, etc.), est un curseur qui se déplace sur une droite, et dont la position ponctuelle indique la date, l'heure, etc. Ce modèle nous autorise à évaluer la distance entre deux points (intervalle) comme une donnée arbitrairement grande (milliards d'années) ou petite (femtoseconde, et ses subdivisions à l'infini).

La causalité, telle que nous la connaissons dans la vie courante, – ou le déterminisme pour les scientifiques – est exprimée, dans les différentes disciplines, soit par les conditions initiales (par exemple, une vitesse initiale), soit par l'introduction d'un élément (le vieillissement des cellules en biologie, la mesure d'un radioélément en archéologie...) ou d'un facteur dans l'équation (la gravitation, une force externe, un champ électromagnétique...), soit par les conditions aux limites. Mais elle n'affecte généralement pas la représentation linéaire ou quasi linéaire du temps.

Chapitre Deux

Modèles géométriques

Le modèle linéaire, unidimensionnel – Le modèle quadridimensionnel – L'espace de configuration – Un modèle orthogonal – L'espace fibré.

CE qui n'a pas d'étendue ne peut être conçu, dit Leibniz. C'est pourquoi nous tentons de façonner une représentation spatiale du temps. Il est vrai qu'une telle représentation a connu un réel succès – liée sans doute à la prédominance de la vue, parmi les sens humains, et corrélativement à la tendance que nous avons de nous faire des représentations imagées des concepts, même les plus abstraits –, dont l'apogée est constituée par la formulation mathématique de la théorie de la relativité par Einstein, la représentation géométrique correspondante étant l'espace quadridimensionnel de Minkowski.

Le modèle linéaire, unidimensionnel

D'une façon générale, les scientifiques traitent le temps comme un axe, à l'instar d'une dimension spatiale. Dans cette représentation, si le « présent » est mentionné, il peut être assimilé à un point origine (point d'abscisse 0) sur cet axe qui s'étend de part et d'autre de ce point, vers le passé (valeurs négatives) et le futur (valeurs positives). Avec toutefois des caractéristiques qui le distinguent de l'espace, à savoir un sens imposé – et non arbitraire comme pour l'espace – désigné par la « flèche du temps », et ses conséquences en physique, notamment l'irréversibilité des phénomènes.

Pour les historiens, le temps est simplement une échelle sur laquelle se placent les événements au fur et à mesure qu'ils se produisent, et sont définitivement attachés à une date (année, mois, jour, avec parfois plus de précision, et souvent moins lorsqu'on parle de siècles, de millénaires, de millions ou de milliards d'années). C'est le temps calendaire qui peut être représenté sur une ligne droite, dont chaque point représente un moment, un jour, une année, un siècle, etc., suivant l'échelle choisie.

Si l'on aligne les événements sur une droite (représentation classique), munie d'une relation d'ordre, il n'est pas possible de se limiter à une seule droite. En réalité, il devrait y en avoir autant que d'objets soumis à des événements et, chaque objet pouvant être décomposé jusqu'à la plus petite particule, le nombre de droites serait extrêmement grand. Ainsi, les événements qui ont lieu en Chine devraient être placés sur une droite temporelle bien éloignée de celle qui porte les événements en France. Mais pourtant l'évocation de la Révolution Culturelle chinoise est en relation proche avec les événements de mai 1968 en France, et les deux évocations peuvent être étroitement reliées dans le souvenir. Comment alors représenter ces lignes temporelles, qui ressemblent plus à un plat de spaghetti qu'à un faisceau de droites bien ordonné ? À l'inverse, lorsque nous nous souvenons d'événements, ce sont des séquences qui s'inscrivent dans une dimension temporelle (à l'instar de la parole, de la musique…). Comment est créée cette dimension ? Autrement dit, comment passe-t-on d'impressions ponctuelles, éprouvées dans l'instant, à une suite ordonnée, un « segment de temps » ? La question se ramène à celle qui fait passer, au sens mathématique, du point au segment comme ensemble de points, et à la ligne comme ensemble de segments.

Dans quel sens faut-il aborder cette question ? (1) L'instant comme intersection d'une ligne continue avec une autre ligne ou avec un plan, ou bien (2) le temps comme accumulation d'instants ponctuels ? La solution (1) s'appuie sur la conception classique du temps impersonnel, absolu, s'écoulant du passé vers le futur. Pour définir l'instant, il faut présupposer que cette ligne est coupée par un autre objet mathématique (ligne ou plan) ; mais quelle est la nature de cet autre objet ? La solution (2) est, mathématiquement parlant, aussi peu satisfaisante qu'en géométrie le passage du point à la ligne. Un point n'ayant pas d'épaisseur (c'est-à-dire d'épaisseur nulle selon toutes les dimensions spatiales), un nombre de points, aussi grand soit-il, ne formera jamais un segment, et encore moins une ligne.

Le modèle quadridimensionnel

Nous avons vu que le temps n'est généralement appréhendé que par l'intermédiaire de l'espace (cf. 3e partie, « La Science », chapitres 1 et 2), et même qu'il peut fort bien être représenté mathématiquement comme une quatrième dimension spatiale, notamment dans la théorie de la relativité (cf. 3e partie, « La Science », chapitre 4, « Temps et relativité »). Le rêve d'Einstein était de concevoir une géométrie susceptible d'unifier les lois physiques et de ramener l'ensemble des processus physiques à un modèle géométrique fondamental, en l'occurrence une géométrie non euclidienne. C'est ainsi que la relativité générale s'inscrit dans une géométrie riemannienne.

Pour comprendre l'analogie entre le temps et une dimension spatiale, imaginons que, au lieu de vivre dans un espace tridimensionnel, nous soyons réduits à nous déplacer sur une surface, sans pouvoir nous en décoller, tels des êtres bidimensionnels (cf. Gamow, Maeterlinck). Les objets que nous percevons dans ce monde plat sont la projection d'objets tridimensionnels. Selon l'angle sous lequel se projettent ces objets, ils nous paraissent différents, et nous croyons qu'ils ont changé, alors qu'en réalité ils sont toujours pareils. Mais notre « infirmité » ne nous permet pas de voir cette immuabilité. Tels les hommes dans la caverne de Platon, nous prenons des ombres pour la réalité. « *En considérant l'espace et le temps séparément, les physiciens, comme le prisonnier de Platon, ne contemplaient que les ombres projetées – cette fois sur trois dimensions. La réalité supérieure d'un "univers absolu" à quatre dimensions exigeait une libération de la pensée pour se révéler, particulièrement de la pensée des mathématiciens* », explique Peter Galison. Ainsi, nous serions infirmes par rapport à des êtres quadridimensionnels qui verraient le temps comme une dimension supplémentaire et qui considéreraient que les êtres ordinaires que nous sommes rampent inexorablement le long d'un axe, sans pouvoir s'arrêter ni revenir sur leurs pas.

C'est Minkowski le premier qui a eu l'idée de représenter les événements physiques dans un espace à quatre dimensions et les rapports physiques sous forme de théorèmes géométriques. Cet espace-temps quadridimensionnel est appelé « espace de Minkowski », et ses points sont définis par quatre coordonnées x, y, z, ct (où c est la vitesse de la lumière), la quatrième, la dimension temporelle, étant un peu particulière puisqu'elle est affectée du facteur i (nombre imaginaire, dont le carré est égal à -1). Bien sûr, nous ne pouvons pas représenter l'espace quadridimensionnel, mais par commodité les physiciens ont l'habitude de se limiter à trois dimensions pour leurs explications. Dans cet espace, on distingue deux types de segments, ou intervalles séparant deux événements *E1* et *E2* : les intervalles du genre « espace », pour lesquels $c \Delta t < \Delta s$ [où $s = (x^2 + y^2 + z^2)^{1/2}$] et les intervalles du genre « temps », pour lesquels $c \Delta t > \Delta s$. Dans le premier cas, les deux événements ne peuvent pas agir l'un sur l'autre. Dans le second, un signal lumineux a le temps d'aller d'un événement à l'autre, et il peut donc y avoir un lien de causalité. L'équation $c \Delta t = \Delta s$ a pour représentation une figure conique, appelée « cône de lumière », qui constitue la frontière entre les intervalles du genre « temps » et les intervalles du genre « espace » [cf. ANNEXE 9].

Einstein a commencé par rejeter la formulation de Minkowski dans laquelle il ne voyait que des subtilités mathématiques inutiles. Cependant, en exposant sa théorie devant la Naturforschende Gesellschaft de Zurich en 1911, il a qualifié la formulation de Minkowski d'« *élaboration mathématique de haut intérêt* », fournissant une méthode permettant « *d'appliquer plus facilement* » la théorie de la relativité.

Un autre modèle géométrique spatio-temporel, celui de Jim Hartle et Stephen Hawking, n'a ni bord ni frontière, à l'instar de la surface d'une sphère mais avec deux dimensions supplémentaires. Selon ce modèle, l'univers serait limité, tant du point de vue spatial que temporel, sans présupposer une singularité autre que l'horizon d'un trou noir, par exemple. Selon ce modèle mathématique, le temps n'aurait donc ni commencement ni fin, sans toutefois avoir une « durée » infinie.

L'espace de configuration

Un système dynamique peut être représenté dans un espace multidimensionnel n'incluant pas le paramètre temps, par exemple l'espace des configurations (les observables) ou l'espace des phases (les états). Ces représentations sont compatibles aussi bien avec la mécanique classique qu'avec la théorie de la relativité ou avec la théorie quantique. La notion de temps est alors remplacée par l'ensemble des configurations de tous les objets de l'univers. La configuration d'un objet peut être donnée par ses coordonnées spatiales et les composantes de la vitesse dans les différentes dimensions spatiales. Cet espace de configuration de l'univers, noté U, s'il contient N particules, est donc à $6N$ dimensions (3 coordonnées d'espace et 3 composantes de la vitesse pour chaque objet). Chaque configuration correspond à un point unique p dans U. Lorsque la configuration de l'univers change, p trace une courbe dans U. Le principe de moindre action détermine les courbes spéciales de U pour lesquelles les lois de Newton s'appliquent. Cette représentation ne fait pas intervenir explicitement le temps : elle détermine un chemin, ou une histoire, dans U, sans avoir à supposer le temps.

L'espace de configuration peut être appliqué de manière analogue à la théorie de la relativité générale d'Einstein : selon cette théorie, chaque objet décrit une trajectoire dans un espace-temps, dont la géométrie dépend du champ gravitationnel.

Un modèle orthogonal

Nous proposons ici un autre modèle géométrique du temps : le temps linéaire (historique, scientifique, succession d'instants présents) est représenté par un axe, tandis que le temps imaginaire est représenté par des perpendiculaires à cet axe. Choisissons par exemple une direction horizontale pour le premier axe, et des verticales pour le temps imaginaire. Sur ces différents axes verticaux, si deux points ont même ordonnée, il y a mémoire. Ce modèle peut être représenté sur une portion de sphère dont le temps linéaire serait un parallèle, et les temps imaginaires les méridiens qui peuvent se rejoindre aux pôles.

L'espace fibré

Pour tenir compte de la mécanique quantique, les scientifiques proposent un élargissement de l'espace de Minkowski avec le concept d'« espace fibré ». Un espace fibré est un emboîtement de deux espace, l'un appelé « base », espace de points, l'autre appelé « fibre ». En relativité quantique, la base est l'espace-temps de Minkowski, et la fibre est l'espace des degrés de liberté interne des champs quantiques.

Chapitre Trois

Structures algébriques pour le temps

Temps et théorie des ensembles – Temps et symétrie, théorie des groupes – Espaces vectoriels – D'autres modèles algébriques.

REVENONS de ces considérations géométriques, largement utilisées par les physiciens, à une notion incluant mieux les aspects « expérimentaux » du temps, intégrant aussi bien le « sens du temps » que l'idée de « présent ». En effet, si le « présent » ou « maintenant » peut toujours être représenté par un point, aucun des modèles géométriques que nous avons vus ne fait apparaître une distinction entre passé et futur.

L'algèbre va nous permettre d'exprimer d'autres qualités du temps. Pour cela, nous rappelons quelques éléments de cette branche des mathématiques. L'algèbre s'intéresse à l'étude d'ensembles dotés de certaines propriétés, constituant une structure. Il existe diverses structures algébriques. Nous en retiendrons quelques-unes et tenterons de comparer leurs propriétés avec celles que nous avons mises en évidence pour le temps, afin de savoir quelles structures s'appliquent le mieux à la modélisation du temps, ou du moins à la modélisation de certains aspects du temps. C'est pourquoi nous explorerons systématiquement les différents outils algébriques disponibles : théorie des ensembles, théorie des groupes, espaces vectoriels, etc. Les nombres, qu'ils soient entiers, positifs ou négatifs, rationnels, réels, complexes, etc., peuvent justement être représentés par de tels outils. Aristote avait-il pressenti cela en énonçant que « le temps est le nombre du mouvement » ?

Temps et théorie des ensembles

Dans la deuxième partie, « L'Expérience » (« Temps, langage et raisonnement »), nous avons mis en évidence une analogie entre raisonnement logique et temps, la relation d'« implication », dans le raisonnement, correspondant à la « flèche » du temps. Dans le premier cas, elle relie une hypothèse à une conclusion ; dans le second, elle relie la cause à l'effet, le passé au présent, ou le présent au futur. En mathématique, on parle d'isomorphisme. Il existe un métalangage pour traiter ces deux modèles isomorphes, c'est celui de la théorie des ensembles.

En logique des propositions, la relation : « si A alors B » ou « $A => B$ » peut s'appliquer à l'implication (A implique B) aussi bien qu'à la causalité (la cause A entraîne l'effet B), et se traduit par la relation d'inclusion ($\subset$) en théorie des ensembles :

$$E_A \subset E_B \quad (*)$$

Autrement dit, l'ensemble des objets pour lesquels la proposition A est vraie est inclus dans l'ensemble des objets pour lesquels la proposition B est vraie. Ou bien l'ensemble des objets liés à l'événement A (cause) est inclus dans l'ensemble des objets liés à l'événement B (effet). Et si nous traduisons cela en termes temporels : l'ensemble des objets dans un état passé donné est inclus dans l'ensemble des objets dans un état présent donné, lui-même inclus dans l'ensemble des objets dans un état futur donné. Nous étudierons plus loin les conséquences de ces relations (cf. « Temps et relations d'ordre » au chapitre 6 « Temps et arithmétique »).

Temps et symétrie, théorie des groupes

Une loi de conservation, ou un principe d'invariance, équivaut mathématiquement à une symétrie par rapport à une transformation. La discipline mathématique consistant à classer tous les types possibles de changements et d'invariances associées (symétries au sens large) est la « théorie des groupes ».

Rappelons qu'un « groupe » est un ensemble de transformations muni d'une loi de composition interne (deux transformations appliquées successivement donnent un résultat qui pourrait être obtenu par une seule transformation) et caractérisé par trois propriétés :

1) il comprend un élément neutre, c'est-à-dire que la transformation identique (celle qui ne modifie pas l'état initial) appartient à l'ensemble, ce qui s'exprime par :

$x * e = e * x = x$, où e est l'élément neutre ;

2) à toute transformation correspond une transformation inverse, de sorte que, lorsque ces deux transformations sont appliquées successivement, le résultat est la transformation identique (celle qui permet de retrouver l'état initial), soit

$x * x' = x' * x = e$, où x' est l'élément inverse de x ;

3) l'application successive de trois transformations est associative, ce qui s'exprime par la relation :

$$x * (y * z) = (x * y) * z.$$

Dans toutes ces relations, x, x', y, z sont des éléments du groupe considéré et $*$ la loi de composition interne.

Voyons comment cette notion peut s'appliquer à ce que nous savons du temps. Nous considérerons l'ensemble des intervalles de temps avec pour loi de composition l'addition d'intervalles de temps successifs. La grandeur d'un intervalle étant mesurée par (équivaut à) un changement, nous traduirons celui-ci par une « transformation » en théorie des ensembles. On vérifie aisément que la loi est interne (deux intervalles de temps successifs forment un intervalle de temps) ; l'élément neutre est l'intervalle de temps nul (nous laissant dans la situation initiale). En revanche, il est évident que la deuxième propriété n'est pas vérifiée. En effet, pour tout intervalle de temps, nous ne pouvons pas trouver un autre intervalle de temps tel que leur succession donne l'intervalle nul (tel que nous nous retrouvions dans la situation initiale). La non-vérification de la deuxième condition est liée à une propriété essentielle du temps, l'irréversibilité, dont la traduction algébrique est la brisure de symétrie entre passé (temps affecté d'un signe négatif) et futur (signe positif). Dès lors, même si la troisième propriété (associativité) est vérifiée, nous n'avons pas à faire à un groupe, mais à un « demi-groupe ».

Espaces vectoriels

Un espace vectoriel est une structure algébrique, de même que les groupes, mais dotée de propriétés plus nombreuses. L'espace de Minkowski, déjà évoqué au chapitre 2 de cette partie consacré au modèle quadridimensionnel, est une structure d'espace vectoriel de dimension 4, constitué de vecteurs de coordonnées (x, y, z, ict) et doté, comme l'espace ordinaire, d'une métrique (c'est-à-dire doté d'une mesure de longueur de ses vecteurs). Il a été développé pour représenter les équations de la théorie relativiste, fondées sur les transformations de Lorentz [cf. ANNEXE 9].

De même, l'espace de Hilbert [cf. ANNEXE 10] constitue la généralisation quantique de l'espace de la mécanique classique. C'est un espace vectoriel métrique à nombre infini de dimensions, dont les éléments sont des opérateurs (des fonctions agissant sur des vecteurs) correspondant à la mesure d'une grandeur observable. L'opérateur hilbertien le plus important est l'hamiltonien, associé à l'énergie totale du système. En théorie quantique, cet opérateur donne l'équation de Schrödinger [cf. ANNEXE 6], et les inégalités de Heisenberg se traduisent, en termes algébriques, par la non-commutativité des opérateurs. C'est le sens de la première inégalité de Heisenberg, $\Delta x . \Delta p \geq \hbar/2$, qui équivaut à la non-commutativité des deux opérateurs correspondant à la mesure des deux grandeurs observables, la position et l'impulsion d'une particule.

Cependant ni l'espace de Minkowski ni l'espace de Hilbert ne sont suffisants pour traiter le temps. Dans le premier, bien que la variable *t* n'ait pas exactement le même statut que les variables spatiales (*x*, *y*, *z*), puisqu'elle est précédée du facteur *ic* (*i* étant le nombre imaginaire, dont le carré est égal à −1), il y a néanmoins une sorte de symétrie entre l'espace et le temps. En revanche, en théorie quantique relativiste, le temps est fondamentalement différent de l'espace : on ne sait pas construire un opérateur correspondant à la mesure du temps. Contrairement à la première inégalité de Heisenberg (cf. 3e Partie, « La Science », chapitre 4), la seconde, $\Delta E.\Delta t \geq \hbar/2$, ne peut donc pas être interprétée comme la non-commutativité de deux opérateurs. Du fait de cette dernière inégalité, il n'y a pas conservation du nombre de quanta, ce qui crée une sorte d'irréversibilité.

Gilles Cohen-Tannoudji et Michel Spiro (« La matière-espace-temps ») soulignent que pour décrire la mécanique quantique relativiste, il faut faire appel à l'espace de Fock, qui est une superposition infinie d'espaces de Hilbert comprenant d'abord le vide (l'espace à 0 photon), puis l'espace à 1 photon, l'espace à 2 photons, et ainsi de suite. Le champ magnétique, dans un tel espace vectoriel, est représenté par des opérateurs dits de création et d'annihilation de photon. L'opérateur de création fait passer de l'espace de Hilbert à *n* photons à l'espace de Hilbert à *n*+1 photons, et l'opérateur d'annihilation a l'effet opposé. Ainsi, les dimensions spatiales de l'espace de Fock sont représentées par la complémentarité qui fonctionne dans chacun des espaces de Hilbert (première inégalité de Heisenberg), tandis que la dimension temporelle serait liée au nombre de particules.

Les mathématiciens japonais Minoru Tomita et Masamichi Takesaki ont appliqué les espaces de Hilbert au « temps de Tomita » vers 1970 (théorie Tomita-Takesaki).

D'autres modèles géométrico-algébriques

Les groupes et les espaces vectoriels, s'ils font partie des structures les plus répandues en mathématiques, ne sont pas les seules. En physique quantique, on utilise le formalisme mathématique des matrices, par lequel on peut représenter un opérateur. Une matrice de transformation, comme par exemple la matrice de diffusion S (de *scattering*, dispersion), est composée de toutes les amplitudes de transition. Les états de particules entrant et sortant d'un appareil de mesure forment des espaces de Fock (espaces de Hilbert utilisés en physique quantique pour décrire les états quantiques avec un nombre variable ou inconnu de particules) engendrés par des champs quantiques entrants et sortants. La matrice S est ainsi le réceptacle de toutes les informations théoriques et expérimentales que la physique des particules est susceptible de produire.

Pour éviter l'apparition d'infinis dans la théorie quantique relativiste, des modèles d'espace-temps à structure granulaire ou filaire ont été introduits. Les calculs d'énergie devraient s'arrêter à une certaine échelle, dite « de coupure ». C'est ce qui se produit dans la théorie des cordes et des supercordes [cf. ANNEXE 7], une tentative d'unification des deux interactions fondamentales que sont la gravitation et l'électromagnétisme. Elle concerne donc aussi bien la mécanique quantique que la gravitation, la physique des particules élémentaires que la cosmologie. Selon cette théorie (théorie de Kaluza-Klein, développée par Theodor Kaluza et Oskar Klein), l'espace pourrait avoir 10 ou 11 dimensions, dont une seule de temps.

D'autres modèles, comme la gravité en boucles ou les géométries non-commutatives, introduisent des échelles de coupure dans l'espace-temps. L'idée générale est la suivante : l'univers ne comprendrait pas seulement les quatre dimensions spatio-temporelles que nous lui connaissons (cf. « Le modèle quadridimensionnel », chapitre 2 dans cette partie), appelées dimensions étendues, mais il contiendrait aussi des dimensions supplémentaires, minuscules, car enroulées sur elles-mêmes en cercles, en tores, en sphères ou en structures géométrique de forme plus compliquée, dont la taille serait inférieure à la longueur de Planck (de l'ordre de 10^{-35} m). Dans ce modèle, représentant « *l'univers comme une sorte de superposition de gigantesques réseaux abstraits (dits "de spin") dont les nœuds constitueraient des "grains d'espace" et les arêtes des relations de contiguïté entre ces grains* », d'après la description d'Aurélien Barrau, le temps ne joue aucun rôle particulier. « *Il émerge comme une variable adaptée quand on regarde les choses "de loin".* »

Chapitre Quatre

Temps et analyse

Dérivées et intégrales – Temps et limite – Analyse non standard.

Dérivées et intégrales

La physique, et singulièrement la mécanique, fait un très large usage des dérivées et des équations différentielles pour décrire l'évolution des systèmes dits déterministes. « *Les équations différentielles sont des "machines" mathématiques qui nous permettent de prédire le futur à partir du présent* », selon l'expression de John D. Barrow. Mais il faut souligner que, dans ces équations différentielles, le paramètre *t* est généralement relégué au dénominateur (d/dt, d^2/dt^2, etc.). Ce qui signifie que l'on s'intéresse aux variations d'autres grandeurs *par rapport à t*, et non à *t* en tant que tel.

Si le temps figure au dénominateur des équations différentielles, les solutions font une place à part entière à la variable *t*. Ce sont, par exemple, des polynomes de la forme :
$x = a_n t^n + a_{n-1} t^{n-1} + \ldots + a_1 t + a_0$, ou des fonctions sinusoïdales $x = \sin t$ pour un mouvement périodique, ou encore toute autre expression qui marque le déplacement dans l'espace (*x* étant la variable spatiale, qui peut éventuellement être mise sous forme de vecteur tridimensionnel) en fonction du temps (variable *t*). Dans de telles fonctions, le présent est représenté par les conditions initiales, et la configuration à tout instant futur peut être calculé en donnant

175

une valeur positive à la variable *t*. Il s'ensuit que, si nous connaissons exactement ces conditions initiales, le futur est complètement déterminé. C'est ce que renferme la célèbre citation de Laplace (cf. 3ᵉ partie, « La Science », chapitre 3, « Temps et causalité, temps et déterminisme, prédictibilité »). Ainsi, de l'équation différentielle surgit la solution qui génère son propre temps, pour reprendre l'expression de Thierry Paul, mathématicien, directeur de recherche au CNRS : « *L'équation différentielle ne subit pas le temps, elle le produit.* »

Mais les solutions peuvent aussi être des expressions où ne figure pas la variable *t*. C'est le cas de l'Hamiltonien ou de l'énergie totale d'un système. Nous admettons alors que la grandeur décrite par cette solution est indépendante du temps. Par ailleurs, nous avons vu que, en combinant certaines équations de physique, on peut faire disparaître la variable temps. Il est possible d'expliquer concrètement cela en admettant que les différents mouvements sur lesquelles nous fondons notre mesure du temps (astronomique, pendulaire, atomique, etc.) sont réguliers les uns par rapport aux autres, c'est-à-dire que le mouvement de chacun de ces référentiels est périodique lorsqu'il est rapporté à l'un des autres référentiels. Ainsi, même en partant d'une solution dépendante du temps, par exemple la sinusoïde, $x = \sin t$, nous pouvons y ajouter une autre fonction qui aura un rôle purement imaginaire, définie par l'équation $y = \cos t$. Dès lors, nous pouvons décrire les positions respectives de x et y indépendamment de *t*, puisqu'elles sont décrites par l'équation $x^2 + y^2 = 1$, c'est-à-dire l'équation d'un cercle centré sur l'origine. C'est ce qu'Yves André, directeur de recherche au CNRS et membre de l'Istituto Veneto, nomme « géométrie des trajectoires accomplies » : « *Toute forme géométrique a un "devenir" intrinsèque, une évolution canonique qui arrondit sa courbure et aboutit à sa "mort" homogène. C'est cette idée de "devenir" des formes qui a permis de résoudre l'un des grands mystères des mathématiques, la conjecture de*

Poincaré. » Ce procédé consistant à introduire une variable complémentaire (le nombre imaginaire *i*, par exemple) est bien connu des mathématiciens pour simplifier la résolution d'un problème ou la démonstration d'un théorème.

Dès lors, l'existence du temps est un mystère, même pour les mathématiciens. « *Sa réalité n'est pas nécessaire* », estime J.D. Barrow. Ce physicien parie que « *le type de description mathématique de la nature que nous connaissons et auquel nous sommes attachés – celui des équations causales avec conditions initiales – n'est qu'un artefact de nos types de pensée préférés et seulement une approximation de la vraie nature des choses.* » En fait, le déterminisme absolu ne tient pas compte des systèmes dits chaotiques (turbulence, comportement des gaz, biologie, etc.), c'est-à-dire ceux pour lesquels la moindre incertitude dans notre connaissance des conditions initiales débouche sur une perte totale de l'information sur son état futur (sensibilité aux conditions initiales). Nous ne pouvons pas décrire exactement ces systèmes par des équations mathématiques. « *Même si nous pouvions surmonter le problème des conditions initiales pour déterminer l'état de départ le plus naturel ou porteur d'une logique exceptionnelle, nous devrions sans doute affronter l'inévitable incertitude qui entoure la spécification de l'état initial* », poursuit J.D. Barrow.

Il y a une autre raison pour s'intéresser aux dérivées et intégrales : c'est l'analogie entre prédiction et dérivée, d'une part, rétrodiction et intégrale, d'autre part. Une situation présente peut être la conséquence d'un grand nombre de passés virtuels ; c'est ce que nous désignons par la « rétrodiction » qui exprime la liaison présent-passé. À l'inverse, une situation présente détermine exactement le futur (pourvu que nous soyons dans un cas déterministe, c'est-à-dire un système simple) ; cette liaison présent-futur est la « prédiction ». Or toute fonction a plusieurs intégrales, tandis qu'elle a une seule dérivée par rapport à une variable donnée. Comme le suggère Jean Monge, l'opération d'intégration, et l'opération inverse de dérivation, peuvent donc constituer des représentations mathématiques respectivement pour la liaison présent-passé et la liaison présent-futur.

Temps et limite

Le temps peut être représenté par une série, au sens mathématique. Chaque terme de la série temporelle serait constituée de l'ensemble des événements passés, et s'accroîtrait à chaque instant par l'événement présent. Or toute série est caractérisée par une limite, celle-ci pouvant éventuellement être infinie. La notion de limite peut être traitée en topologie (cf. chapitre 5 dans cette partie) ou bien dans la partie « analyse » des mathématiques, qui fait l'objet du présent paragraphe.

Les conditions aux limites, notamment les conditions initiales, lorsque l'on parle du temps, ne sont ni extérieures ni antérieures au système. La seule manière d'avoir des informations sur ces conditions est, connaissant l'état actuel, de trouver l'état initial. Cela se fait normalement par le procédé appelé en mathématique « extrapolation ». Celle-ci pose des difficultés intrinsèques : d'une part, comme nous l'avons montré précédemment, à une situation donnée peuvent correspondre une multitude de conditions initiales ; d'autre part, l'extrapolation mène soit vers une singularité temporelle (cf. 3e partie, « La Science », chapitre 5), soit à un infini, ce que l'analyse classique ne sait pas traiter. D'où le recours à l'« analyse non standard ».

Analyse non standard

Les nombres « non standard » ont été introduits dans les années 1960 par le mathématicien Abraham Robinson [cf. ANNEXE 11]. L'analyse non standard introduit des règles de calcul et permet de manipuler les nombres infiniment petits ou infiniment grands, sans qu'il soit nécessaire d'invoquer la notion de limite. Cette théorie est donc plus générale que l'analyse classique, de même que l'analyse complexe (qui intègre les nombres complexes) est plus générale que l'analyse réelle (celle des nombres réels).

L'analyse non standard présente l'avantage de pouvoir donner de nouvelles démonstrations, souvent plus simples, de théorèmes classiques, sans faire appel aux limites. En effet, il a été établi qu'un énoncé classique, possédant une démonstration dans le cadre de l'analyse non standard, est vrai dans le cadre des mathématiques classiques. La situation est tout à fait comparable à celle que connaissaient les mathématiciens d'avant 1800, qui s'autorisaient à utiliser les nombres imaginaires à condition que le résultat final soit bien réel.

Cet outil mathématique trouve tout son intérêt dans l'étude du temps à ses limites. D'une part, nous pouvons subdiviser un intervalle de temps en éléments arbitrairement petits, donc tendant vers une limite nulle, pour atteindre l'instant présent (à moins de prendre en compte la limite finie que constitue l'unité de temps relativisto-quantique, cf. 3e partie, « La Science », chapitre 2). D'autre part, la singularité associée au big bang (un point singulier du temps) est caractérisée par une densité de matière infinie et une énergie infinie, ce que ne peuvent pas traiter les lois de la physique, et situation à laquelle on ne peut pas appliquer d'équations mathématiques standard.

Chapitre Cinq

Temps et topologie

Topologie, continuité et limite – Un modèle d'espace-temps à structure causale – Au « bord » du temps.

Topologie, continuité et limite

La topologie (du grec *topos* et *logos* qui signifient respectivement « lieu » et « étude ») est une branche des mathématiques concernant l'étude des déformations spatiales par des transformations continues (sans déchirure, ni coupure, ni recollement des structures). Les distances n'ont pas d'importance. Seul compte le fait que les points puissent être reliés ou non sans sortir de l'ensemble. Aussi, la manière la plus intuitive de se représenter la topologie est une surface élastique (à 2 dimensions) ou une boule de pâte molle (à 3 dimensions). On peut tirer, déformer dans tous les sens la surface ou la boule, mais il n'est pas permis de la couper, la casser, la trouer, ni la coller, sous peine de modifier l'espace considéré.

Le domaine d'application de la topologie déborde largement de la notion de lieu ou d'espace physique, et l'on parle alors plutôt de « topologie générale ». Le cadre est suffisamment général pour s'appliquer à un grand nombre de situations différentes : continuums ou ensembles discrets, espaces de la géométrie euclidienne, espaces numériques à n dimensions, jusqu'aux espaces fonctionnels les plus complexes. La topologie fournit un vocabulaire et un contexte général pour traiter des notions de limite, de continuité, de discontinuité, de voisinage, etc. Les espaces topologiques forment le socle conceptuel dans lequel ces notions sont définies, notions qui apparaissent dans presque toutes les branches des mathématiques : algèbre, géométrie, analyse...

Cette représentation peut s'appliquer au temps, si l'on considère que les durées ne peuvent pas être déterminées de manière absolue (elles dépendent notamment de l'observateur), mais les notions d'avant/après sont conservées, ainsi que les notions de proximité (voisinage) entre deux événements se succédant immédiatement. L'étude topologique du temps s'intéresse à la disposition des instants les uns par rapport aux autres. La topologie fournit des modèles pour un temps continu ou discontinu, fini ou infini, ouvert ou fermé.

Un modèle d'espace-temps à structure causale

Roger Penrose a proposé un modèle basé sur la « structure causale de l'univers », à partir de laquelle se construit l'espace-temps. Cette structure est constituée par l'information concernant les liens de causalité entre événements. La connaissance de cette structure permet de déterminer si telle région de l'univers peut ou non transmettre de l'information à telle autre, donc de savoir quelle région peut causalement en influencer une autre. En topologie, cela revient à dire que deux éléments appartiennent au même voisinage. Les rayons de lumière, parce qu'ils sont les « bras armés » de la causalité, constituent des objets plus fondamentaux que les points de l'espace-temps. Chaque rayon lumineux, qui correspond à une géodésique dans l'espace-temps, peut être considéré comme l'ensemble des rayons passant par lui (sphère de Riemann), c'est-à-dire comme un ensemble de points dans l'espace des torseurs. Dans cet espace des torseurs, les équations différentielles par lesquelles sont décrits les différents types de particules deviennent de simples équations algébriques.

Au « bord » du temps

La notion de « bord » fait partie de la topologie. Un ensemble est dit fermé ou ouvert, selon que sa limite (son bord) appartient ou n'appartient pas à l'ensemble. Cette notion d'ouverture ou fermeture topologique peut être rapportée aux limites de l'« univers temporel ». C'est une formulation pour la question relative à notre conception du « cours du temps » : est-ce que ce flux du temps parcourt un territoire déjà existant, ou bien est-ce qu'il crée le monde à mesure qu'il passe ?

Dans le premier cas, nous considérons un « univers-bloc », continuum à quatre dimensions, topologiquement fermé, où tous les événements coexistent, qu'ils soient passés, présents ou futurs, avec le même poids ontologique dans cet espace quadridimensionnel. Cet « univers-bloc » peut être comparé à une partition qui contient l'œuvre musicale entière, indépendamment du fait qu'elle soit jouée ou non ; l'esprit humain appréhende cet univers comme le musicien exécute le morceau de musique, sous forme séquentielle. Pour O. Costa de Beauregard, il est non seulement recommandé, mais nécessaire, de concevoir l'univers comme réellement déployé d'un seul coup dans son épaisseur temporelle aussi bien que dans ses trois dimensions spatiales. Et, suivant l'expression de Hermann Weyl, « *Le monde objectif simplement est, il n'advient pas.* » Une conception qui ne satisfait pas Lee Smolin : « *Quand on représente graphiquement un mouvement dans l'espace, le temps est représenté comme s'il n'était qu'une autre dimension spatiale. Le temps est comme gelé.* […] *Il faudrait trouver une manière de dégeler le temps, de le représenter sans le transformer en espace.* »

La seconde possibilité, où le temps constitue un espace topologiquement ouvert, a été étudiée sous le nom de « Evolving Block

Universe » (EBU). Dans ce modèle, également appelé » espace-temps dynamique », le monde est un ensemble d'événements qui croît à mesure que de nouveaux événements voient le jour (à l'instar de la vision que nous avons décrite dans le « Préambule »). Le cours du temps est objectivement réel et fabrique en permanence du « présent », lequel apparaît localement au « bord » du temps, son extrémité actuelle. Le « moteur » de cette construction pourrait être, par exemple, l'expansion de l'univers. Le « bord » de cet espace-temps est analogue à la *frontier* nord-américaine, à l'époque de la conquête de l'Ouest. Instant après instant, la bordure de l'espace-temps passe du stade indéterminé (c'est-à-dire offrant encore plusieurs options possibles) au stade défini. George Ellis, qui défend ce modèle, le décrit ainsi : « *Le présent est différent du passé et du futur, et la véritable nature du futur (incluant l'espace-temps) est indéterminée jusqu'à l'instant où il arrive.* » Le modèle EBU a l'avantage d'accorder une signification particulière au présent, contrairement à ce que proposent la plupart des théories physiques. Il explique que la prédiction du futur n'est pas possible, contrairement au souvenir du passé, car le futur n'existe tout simplement pas, tant qu'il n'a pas été « absorbé » par l'EBU en passant par l'état « présent ». Cette évolution devrait se poursuivre jusqu'à ce que l'EBU atteigne son état final, immuable, le « Final Block Universe » (FBU), espace topologiquement fermé.

Nous proposons une analogie pour faire comprendre la différence entre ces deux modèles : d'une part, le scanner qui balaye d'un bout à l'autre un objet solide préexistant, permettant de reconstituer progressivement, couche après couche, cet objet de manière virtuelle sur l'écran d'un ordinateur ; d'autre part, la stéréolithographie qui, de la même façon, balaye un liquide de manière à le solidifier de manière sélective, couche après couche, et constituant ainsi *ab nihilo* un objet solide réel.

Chapitre Six

Temps et arithmétique

Temps et relations d'ordre – Temps et congruence.

Temps et relations d'ordre

L'idée de temps est associée à la notion d'ordre (chronologique). D'où l'idée de le représenter mathématiquement par un ensemble muni d'une structure d'ordre ou par une série monotone (croissante ou décroissante). L'un des principaux chercheurs à s'être penché sur cette structure d'ordre est McTaggart. Il distingue trois séries temporelles :
A) passé-présent-futur (direction, sens) ;
B) antériorité-postériorité (ordre orienté, relation d'ordre) ;
C) mise en ordre des événements (ordonnancement).

La série A est la plus fondamentale. Cette série de positions, qui part du passé lointain, puis arrive au passé proche, passe au présent, du présent au futur proche, puis au futur lointain, change constamment. Elle fournit des fictions utiles, des illusions nécessaires mais fondamentalement indéfinissables. Comme l'explique Bertrand Russell : « *Passé, présent, futur n'appartiennent pas au temps en soi mais seulement au temps en tant qu'il est en relation avec un sujet pensant. [...] S'il n'y avait pas d'esprit pensant il y aurait des événements situés avant ou après d'autres, mais rien ne serait en soi passé, présent ou futur.*

Les événements antérieurs à toute conscience ne pourraient jamais être futurs ou présents, mais seulement passés, à la rigueur. »

La série B est essentielle mais pas fondamentale. Alors que la série A est subjective, nécessite un sujet conscient de vivre dans le présent, capable de penser ce qui était (passé) et ce qui sera (futur), la série B est au contraire objective, les relations sont en principe conservées quel que soit l'observateur (du moins en physique non relativiste, qui est celle de l'expérience quotidienne), et quel que soit l'instant où elles sont considérées. C'est elle qui, généralement, est utilisée par les sciences. Pour McTaggart, la série B est hors temps, non tendue, *tenseless* (au sens grammatical). Elle entretient toutefois avec la série A une relation que l'on peut décrire ainsi : soit la série B glisse le long d'une série A immobile, soit c'est la série A qui glisse le long de la série B. Ce « glissement » suppose une vitesse. « *Quelle est cette vitesse et avec quelle unité allons-nous la mesurer ? en secondes par seconde ?* » interroge Francis Bradley.

La série C est permanente : elle fournit un ordre fixe. Elle implique un certain recul par rapport à l'observation directe. C'est le temps des historiens, par exemple. De même que la série B, elle est indépendante de l'observateur, sauf bien sûr si nous nous plaçons dans des conditions relativistes (où l'observateur se déplacerait à une vitesse proche de celle de la lumière).

Etudions à présent l'application d'une relation d'ordre sur les séries temporelles, et en particulier sur la série B de McTaggart. Soient $I, J, K...$ des instants, avec les relations suivantes entre eux : « I est avant J » et « K est après J ». Les deux relations, « est avant » et « est après », peuvent se réduire à une seule. Choisissons celle d'antériorité « est avant ». La relation de postériorité, dans « K est après J », se réduit à la relation d'antériorité « J est avant K ». Comme toute relation d'ordre, la relation temporelle « est avant » possède les propriétés de transitivité (« si I est avant J et si J est avant K, alors I est avant K ») ; antisymétrie (« si I est avant J et si J est avant I alors

I et *J* sont confondus » ; nous pouvons dire alors que *I* et *J* sont « simultanés ») ; réflexivité (« *I* est avant *I* »). Notons que, pour que les deux dernières propositions soient vraies, il faut faire l'abus de langage suivant : la relation « avant » est une relation d'antériorité au sens large, c'est-à-dire incluant la simultanéité.

On peut voir là une analogie entre ces relations temporelles et les relations spatiales « à gauche de » et « à droite de », applicables à une série d'objets alignés le long d'une ligne horizontale. Il est facile de voir que la relation « à gauche de » possède également ces trois propriétés. Mais cette relation possède la propriété particulière suivante : elle peut se transformer en la relation « à droite de » si le point de vue de l'observateur change et dans ce cas, ce qui revient au même, la proposition « *A* est à gauche de *B* » devient « *B* est à gauche de *A* ». (Pour cela, l'observateur devra changer de côté par rapport à la ligne reliant *A* et *B*, ce qui est possible s'il se déplace dans un espace à trois dimensions.) Il résulte de cette propriété de la relation spatiale qu'il y a une parfaite analogie entre « à gauche de » et « à droite de », ce que nous n'avons pas trouvé pour la relation temporelle. Une question se pose donc immédiatement : les relations « avant » et « après » peuvent-elles s'intervertir pour certaines positions de l'observateur ou du sujet pensant ? Cette possibilité d'inversion du temps nécessiterait, par analogie avec les notions de gauche et droite, que le sujet puisse « sortir » de la dimension temps (ce que nous avons envisagé dans le chapitre 2, « Le modèle quadridimensionnel » dans cette partie).

Nous avons vu (cf. « Temps et théorie des ensembles » au chapitre 3) que la causalité (la cause *A* entraîne l'effet *B*) peut se traduire par la relation d'inclusion $EA \subset EB$, où $\subset$ représente le symbole d'inclusion d'un ensemble dans un autre. Cette relation est aussi une relation d'ordre qui peut s'appliquer à une suite d'événements se succédant dans le temps. Les propriétés de la séquence d'inclusion, et de la relation d'ordre qui lui est associée, peuvent nous aider dans notre étude du temps [cf. ANNEXE 12].

De la représentation « spaghetti » évoquée au chapitre 2 de cette partie (« Le modèle linéaire, unidimensionnel »), nous déduisons qu'il n'y a pas une relation d'ordre total entre les événements, mais soit une relation d'ordre partiel, soit un faisceau de structures temporelles munies chacune d'une relation d'ordre total, sans qu'il y ait interaction entre ces différentes structures. Il devient alors impossible de dire qu'un événement s'est produit avant ou après un autre, si ce dernier est situé sur une autre structure. C'est le paradoxe mis en évidence par la théorie de la relativité d'Einstein : deux événements se produisant dans l'univers peuvent être simultanés pour un observateur, mais successifs dans un sens ou dans l'autre pour un autre observateur.

Toutefois, qu'il s'agisse d'ordre partiel ou total, pourquoi existe-t-il une structure d'ordre pour le temps ? John D. Barrow suggère d'imaginer que « *au fur et à mesure que l'univers s'étend et vieillit à partir d'un état chaotique créé par l'action simultanée de tous les ordres possibles, certaines de ces structures d'ordre prédominent. Ainsi, après des milliards d'années, elles régentent les choses si efficacement qu'elles passent pour des lois de la nature préétablies.* »

Temps et congruence

Une autre notion arithmétique, celle de congruence, peut servir à expliquer d'autres particularités du temps. Par exemple, si notre conscience ne perçoit que l'instant présent, comment fait-elle pour relier les instants entre eux, pour constituer et mémoriser des séquences d'événements, pour associer des événements distants dans le temps ?

Le modèle mathématique pour la relation d'ordre temporel est un continu linéairement ordonné, porteur d'une métrique et d'un groupe de transformations laissant la métrique invariante. Chacune des transformations de ce groupe correspond à un déplacement de l'origine des temps vers le passé ou vers le futur. Il existe une infinité de tels modèles équivalents, chacun d'eux pouvant être obtenu par une transformation topologique du premier modèle en lui-même (transformation qui n'en altère pas l'ordre et n'y produit aucune lacune). Le souvenir, suscité par une perception inscrite dans une séquence analogue, par exemple un air de musique, pourrait être représenté mathématiquement par une mise en correspondance des deux séquences. Deux types de correspondances peuvent convenir à une telle représentation : soit l'équivalence entre la perception initiale et la perception du souvenir, soit la congruence modulo N, N représentant l'intervalle séparant le souvenir du présent.

La congruence, ou arithmétique modulaire, est l'expression mathématique du « temps cyclique » et de l'« éternel retour », incarné dans les rituels (cf. première partie, « Le Mythe », et en particulier le paragraphe « Temps historique et linéaire, temps mythique et circulaire »). La représentation correspondante est souvent un tableau, présentant les 7 jours de la semaine en colonnes, pour respecter la reproduction des événements se déroulant préférentiellement certains jours de la semaine. La congruence, modulo 7 jours, est ainsi mise en évidence clairement sur les calendriers semainiers. Les rituels créent artificiellement de telles équivalences ou congruences modulo 24 heures (régularité des heures), 365 ou 366 jours (anniversaire), 10 ans ou 100 ans (commémorations), etc. Ces rituels seraient un moyen d'initier ou d'exercer cette fonction de mise en correspondance de séquences.

Pour les évolutions temporelles avec « éternel retour », explique David Ruelle, « *le système revient inlassablement près des mêmes situations. Autrement dit, si le système est dans un certain état à un certain moment, il reviendra arbitrairement près de cet état à un moment ultérieur. L'éternel retour s'observe dans l'évolution temporelle de systèmes modérément compliqués, mais pas dans l'évolution de systèmes très compliqués.* » Le fait que les systèmes complexes se comportent de manière irréversible, comme nous l'avons vu, n'empêche nullement cet « éternel retour » sous forme de « mémoire » ou de « commémoration ». Et cela même si les conditions extérieures ont changé.

En guise de conclusion :
La fin du temps ?

La physique sans le temps – La réalité sans le temps – Quand le temps s'arrête – Sortir du temps.

La physique sans le temps

À la fin du XIXe siècle des physiciens ont supposé l'existence de l'« éther ». Cette substance omniprésente et absolue était censée constituer le substrat dans lequel oscille le champ électromagnétique pour produire les ondes lumineuses. La plupart des physiciens de l'époque (Poincaré, Lorentz, etc.) considéraient alors cette hypothèse comme l'une des grandes idées modernes, qui pourrait conduire à une unification scientifique de la description des phénomènes de la chaleur, de la lumière et de l'électrodynamique. Pour eux, l'éther était un outil de pensée irremplaçable, une condition nécessaire de l'intuition féconde. Ce qu'Einstein mettait en doute dès 1899 : « *L'introduction du mot "éther" dans les théories de l'électricité a conduit à l'idée d'un milieu du mouvement duquel il est possible de parler, sans que l'on soit capable, à mon avis, d'associer une signification précise à ce qu'on dit.* » Car, en dehors de l'explication des ondes électromagnétiques, cette hypothèse était superflue. De plus, l'éther était doté propriétés mécaniques contradictoires. La grande découverte des physiciens du début du XXe siècle, et en particulier d'Einstein, a été de souligner les incohérences inhérentes à l'éther, ce qui a contribué à démontrer l'impossibilité de son existence et a donné naissance en 1905 à une nouvelle théorie physique, la relativité, rendant inutile une telle hypothèse dans tous les cas. Comme l'invention de l'éther, celle du temps pourrait n'être qu'un artifice de calcul utile à un certain stade de nos connaissances, mais incompatible avec l'état actuel de la physique.

C'est d'ailleurs la conviction de nombre de physiciens contemporains, comme Carlo Rovelli : « *Il se pourrait que la meilleure manière de réfléchir à la réalité quantique soit d'abandonner la notion de temps, de sorte que la description fondamentale de l'univers soit intemporelle.* » Pour Julian Barbour, le temps n'existe pas dans l'univers quantique : cet univers est statique ; rien ne se passe ; seul existe l'être, le devenir n'existe pas. Le cours du temps et le mouvement sont des illusions. Les intervalles de temps ne préexistent pas aux phénomènes, mais sont créés par ce que fait l'univers. Le temps n'est pas perceptible directement. Seules le sont les variations. Julian Barbour, qui tient ce raisonnement, en déduit qu'« *il est entièrement possible – voire probable – que le temps en tant que tel ne joue aucun rôle dans l'univers.* » Même Einstein a essayé de se débarrasser de cette notion : « *Il y a beaucoup de raisons pour être attiré vers une théorie qui ne contienne ni espace ni temps. Mais personne ne sait comment construire une telle théorie.* » (Séminaire à Princeton, 1954) Et, un peu plus tard : « *Pour nous autres, physiciens convaincus, la distinction entre passé, présent et futur n'est qu'une illusion, même si elle est tenace.* » (Lettre écrite le 21 mars 1955 après la mort de son ami Michele Besso à la famille de ce dernier.)

Contrairement à la matière, le temps n'est pas une entité indépendante. C'est un concept qui émerge du statut d'évolution de tout système, y compris de l'univers dans sa totalité. Si un système ne subit aucun changement, de quelque nature qu'il soit, le concept de temps perd toute signification. Ce peut être simplement un artifice de calcul, comme le suggère John Wheeler : « *Le temps est la manière pour la nature d'éviter que toutes les choses se passent en même temps.* »

La réalité sans le temps

L'irréalité du temps est une des thèses essentielles de nombreux systèmes métaphysiques. Elle est fondée, souvent nominalement, sur des arguments logiques (Parménide), mais issue à l'origine de l'intuition mystique. En se figurant que les choses entrent dans le cours du temps, mais appartiennent à un monde qui est en dehors de celui-ci, on obtient une image du monde plus réaliste que lorsque l'on conçoit le temps comme un tyran qui emporte tout ce qui existe. Pour Bertrand Russell, « *un des caractères de presque toute métaphysique mystique est la négation de la réalité du temps. C'est là une des conséquences de la négation de la division. Si tout est un, la distinction entre passé et avenir doit être illusoire.* »

L'absence d'un organe qualifié pouvant servir à la mesure du temps (temps intuitif) pose un problème : celui de savoir comment s'établit et se maintient en nous la « visée de réalité » à laquelle le temps intuitif confère une certaine efficacité, pour reprendre l'expression de Ferdinand Gonseth. Le temps intervient dans notre pensée théorique et philosophique en association avec l'idée d'évolution. Le temps et l'espace sont pensés comme des abstractions qui, seules, permettent de former l'image d'un cosmos unifié, de concevoir l'idée d'un univers unique et cohérent. « *Notre pensée tout entière ne comprend que des fictions commodes, coupes imaginaires dans le courant : la réalité s'écoule en dépit de toutes nos fictions* », note Bertrand Russell. Ces théories voient dans le progrès la loi fondamentale de l'univers, et admettent ainsi la différence entre « avant » et « après » au centre même de leur point de vue. « L'origine des espèces » de Darwin est fondée sur une telle théorie de l'évolution. Pour Harry Foundalis, le temps et l'irréversibilité sont une illusion utile pour la vie animale, même si cela ne correspond pas à la réalité, de même que nous nous contentons de la physique newtonienne (non relativiste et non quantique) et d'un univers euclidien (alors qu'il obéirait plutôt à la géométrie de Riemann, selon la relativité générale).

De l'impossibilité de répondre à la question « Qu'est-ce qu'on mesure quand on mesure le temps ? » McTaggart tire la conclusion que le temps n'existe pas. Cet auteur a écrit son article sur l'irréalité du temps en 1908. Il avait donc peu de chances de connaître les récentes théories physiques du début du siècle, notamment la relativité d'Einstein et la théorie des quanta de Planck et Heisenberg. Il en est de même pour Jean-Marie Guyau (vers 1880, cité par Rama Rao) qui affirme, lui aussi, que le temps n'existe pas dans l'univers, mais qu'il est produit par des événements qui se déroulent « dans le temps ». Cela impliquerait que le temps est une construction mentale à partir des événements qui ont lieu.

Finalement, le temps existe-t-il, ou est-ce une illusion, un artifice pour organiser nos idées, nos sentiments, nos perceptions ? Pour Paul Ricœur, « *la spéculation sur le temps est une rumination inconclusive à laquelle seule réplique l'activité narrative.* » Wittgenstein évoque la nécessité d'un *Sprachspiel* (jeu de langage) : le mot (ou le concept) de temps nous serait nécessaire pour vivre, même si le temps n'est pas une réalité. Il ferait partie des « fictions utiles ». Cette « illusion tenace » évoquée par Einstein, Carlo Rovelli l'identifie à une apparence macroscopique : « *La question est : le temps est-il une propriété fondamentale de la réalité ou juste l'apparence macroscopique des choses ? Je dirais qu'il s'agit uniquement d'un effet macroscopique. C'est quelque chose qui émerge uniquement pour les gros objets* [par rapport à l'échelle de Planck]. […] *Le temps pourrait être un concept émergeant à grandes échelles – un peu comme le concept de la "surface de l'eau", qui n'a de sens qu'au niveau macroscopique mais qui perd son sens précis quand on l'examine au niveau atomique.* »

Quand le temps s'arrête

Nous avons souligné au début de cet ouvrage l'importance de l'étude du temps pour comprendre ce qu'est la vie, ce qu'il y avait avant et surtout ce qu'il y aura après, en particulier quelle sera notre perception au « moment » de la mort. Que se passe-t-il « après » la mort ? Et « avant » la naissance ? Sachant que nous sommes restés sur une incertitude – l'existence ou la non-existence du temps – nous nous posons néanmoins la question : Quand à la fin le temps s'arrête, qu'est-ce qui reste ? Qu'y a-t-il après le temps ? Comment aborder ce néant, cet inconnu ? « *La mort demeure réfractaire à la pensée, à la science, au discours.* […] *La vie ne serait en somme qu'une propriété émergente de la matière inerte* », reconnaît Etienne Klein (« Les tactiques de Chronos »). Une fois de plus, nous constatons que la question du temps est aporétique : elle se heurte à une limite infranchissable et ne peut déboucher sur aucune conclusion.

L'idée même de conclusion à cette étude est donc un oxymore. De même qu'est un oxymore l'expression « la fin du temps », comme l'explique Benjamin Castel (« Chronotopie ») : « *Nous avons parlé de la fin de la vie. Or le mot fin n'a de sens que si l'on a défini le sens du temps ; comme on a vu que ce sens était arbitraire, il est illusoire de parler d'une fin ou d'un commencement. La seule possibilité que l'on a pour définir la fin de la vie est la suivante : lorsque tous les points du segment de ligne considéré ci-dessus* [l'ensemble des instants de la vie] *ont été parcourus ; la fin est l'une des deux extrémités de ce segment et plus précisément celle où l'entropie de l'Univers est supérieure. Les divers points de la vie sont rangés exactement dans l'ordre d'entropie croissante.* » Nous pouvons encore nous demander pourquoi le sens a été ainsi choisi, et non pas le sens de l'entropie décroissante. Une réponse possible consiste à postuler que le sens de l'entropie croissante est le plus naturel pour l'homme, il lui correspond le mode de pensée et de raisonnement auquel nous sommes habitués : l'hypothèse précède la conclusion, l'effet suit la cause, le souvenir se rapporte à une pensée antérieure. Benjamin Castel poursuit : « *Etant donné que la vie constitue une évolution complète dans le temps, ce qui n'est pas vie ne peut pas avoir de caractère temporel, c'est-à-dire ne varie pas en fonction du temps, c'est-à-dire encore est éternel. S'il existe quelque chose en dehors de la vie, c'est donc l'éternité. Mais quelle partie de nous-mêmes fait partie de la vie, laquelle fait partie de l'éternité ? Notre personnalité fait-elle partie de l'éternité ? C'est elle qui fait notre unité et notre unicité dans le monde.* [...] *Qui donc participera à ce monde de l'éternité ? Tout le monde bien sûr, car tout être a une âme et un corps sur terre.* » Et l'auteur évoque la conception philosophico-spirituelle où « *toutes les vies terrestres sont rassemblées en une immense éternité, qui peut être symbolisée par un dieu ou une autre notion abstraite, dans laquelle la personnalité de chaque homme trouve sa place. D'ailleurs, comme cette éternité est indépendante du temps, elle a existé avant notre naissance et existe encore pendant notre vie, et notre vie n'en est qu'un aspect, précisément l'un des aspects temporels.* [...] *Nous sommes nés sur terre parce que notre personnalité, en tant que partie de l'éternité, contenait le fait que nous naissions sur terre à un moment donné du temps. Nous aurions aussi bien pu naître sur n'importe quelle autre planète de l'Univers, d'ailleurs ou de nulle part, mais ceci ne serait pas compatible avec notre personnalité. Cependant il n'y a aucune raison de supposer que seuls les humains ont droit à cette éternité. Tout objet, toute idée, tout concept, tout être extraterrestre y a droit, exactement au même titre que nous. Tout ce que nous voyons évoluer dans le temps possède certainement une existence extratemporelle, et sans doute encore beaucoup d'autres choses que notre conception temporelle ne nous révèle pas.* »

Sortir du temps

Nous avons dit que pour comprendre le temps il nous faut en sortir. Pour cela, trouver la « frontière ». Nous avons rencontré plusieurs frontières dans la 2ᵉ partie « L'Expérience » : celles entre veille et sommeil, entre veille et rêve, entre rêve et sommeil profond. Deux autres frontières ont été mises en évidence dans la

3ᵉ partie « La Science » : (1) celle entre la description de phénomènes physiques isolés (indépendants du temps) et les phénomènes à notre échelle, statistique, incluant l'interaction avec l'observateur, etc., où le temps peut être considéré comme un phénomène « émergent », à l'instar de la température à partir de mouvements des molécules, ou de la pensée à partir de l'activité neuronale ; (2) celle, hypothétique, formée par l'horizon d'un trou noir. Un autre type de frontière a encore été mis en évidence dans la 4ᵉ partie « Formalismes mathématiques », où il est question de topologie et du « bord » d'un ensemble fermé ou ouvert.

Et pour finir, nous nous permettrons de reprendre l'image proposée par Julian Barbour ("The nature of Time"), selon laquelle, contrairement à l'empereur du conte d'Andersen – « Les habits neufs de l'empereur » – dont les vêtements sont tissés à partir de rien, donc inexistants (« Le roi est nu ! », s'écrie l'enfant), le temps a bien des vêtements, mais ceux-ci recouvrent le néant. Nous ne pouvons décrire que les vêtements. Ces vieux vêtements.

Annexes

*Ces annexes ont en partie été élaborées
à l'aide de l'encyclopédie en ligne Wikipédia.*

Annexe 1

Œdipe et l'oracle

Nous avons choisi d'exposer le mythe d'Œdipe car il montre le rôle du temps sous plusieurs aspects importants : le destin inexorable, les trois moments du jour et de la vie, l'irréversibilité, la mort.

Laïos et Jocaste, le roi et la reine de Thèbes, sont prévenus, après avoir consulté la Pythie (l'oracle d'Apollon), que, s'ils avaient un fils, ce dernier tuerait son père et épouserait sa mère. À la naissance de ce fils redouté, ses parents chargent un serviteur d'abandonner l'enfant sur le Mont Cithéron après lui avoir attaché les pieds. Mais un couple de bergers le trouve, le détache et en prend soin avant de le confier à un voyageur. Lequel conduit l'enfant à la cour de Polybe, roi de Corinthe qui s'attache à l'enfant et l'élève comme son propre fils, sans lui révéler le secret de ses origines. Il lui donne le nom d'Œdipe qui signifie « celui qui a les pieds enflés ».

Œdipe apprend, en consultant Apollon, de quelle malédiction il est victime. Il décide alors de s'écarter de sa famille afin d'échapper à son destin. Pour cela, il quitte Corinthe sans but précis. En chemin, il rencontre un homme avec ses serviteurs. Œdipe le tue, pensant que c'était le chef d'une bande de voleurs (selon d'autres versions, il est question d'un conflit de priorité à une intersection où les chars se croisèrent). Il apprendra plus tard que cet homme était Laïos, son père biologique.

Lorsqu'il arrive à Thèbes, Œdipe se trouve confronté au Sphinx qui assiège la ville. Ce dernier lui pose une énigme : « Qu'est-ce qui

marche à quatre pattes le matin, à deux le midi et à trois le soir ? »
Œdipe donne la réponse exacte : « C'est l'Homme, qui au matin de sa vie se déplace à quatre pattes, qui au midi de sa vie marche avec ses deux jambes et qui au soir de sa vie s'aide d'une canne, marchant ainsi sur trois pattes ». Les habitants, pour le remercier d'avoir débarrassé le pays du Sphinx, en font le roi de Thèbes et lui donnent la main de la reine, Jocaste, qui est veuve. Ainsi, Œdipe et Jocaste vivent heureux pendant de nombreuses années, ignorant leur véritable lien de parenté.

Un jour, une épidémie de peste contamine Thèbes. L'oracle de Delphes annonce que cette épidémie durera tant que celui qui a tué Laïos ne se sera pas dénoncé. Œdipe alors fait rechercher le coupable, mais il ne tarde pas à réaliser que c'est lui le meurtrier de son père. Lorsqu'elle apprend la nouvelle, Jocaste se suicide par pendaison. Quant à Œdipe, il comprend que leurs enfants, Étéocle, Polynice, Antigone et Ismène sont maudits par l'inceste de leurs parents. De désespoir, il se crève les yeux avec la broche de son épouse et mère, puis renonce à la royauté. Pour cette raison, il est chassé de Thèbes quelques années plus tard. Après avoir longtemps erré avec Antigone sa fille qui lui sert de guide, il arrive dans un lieu de culte non loin d'Athènes, où l'on vénère les Érinyes. C'est là qu'il meurt, juste après qu'Apollon lui a promis que sa sépulture resterait un lieu sacré et bénéfique pour Athènes.

Annexe 2

Temps et fiction : cinéma et littérature

Parmi les nombreux films traitant du temps de manière non triviale, nous présentons quelques témoignages particulièrement originaux de « jeux » avec le temps qui y sont mis en scène.

Dans « **Mr Nobody** » (Jaco van Dormael, 2009), le personnage principal se souvient qu'il imaginait son futur, devenu le présent. Nemo « voyage » dans le temps de sa vie, depuis son enfance (à 9 ans, ses parents ont divorcé), à son adolescence, l'âge adulte et la veille de sa mort, en 2092, à 118 ans. Les choix à faire dans ces différentes périodes et les destins divergents résultant de ces choix. Est-ce le Nemo jeune imaginant ce qu'il deviendra en devenant adulte puis âgé, ou le vieux Nemo imaginant ce qu'aurait pu être sa vie s'il avait fait d'autres choix ?

Dans « **Eternal Sunshine of the Spotless Mind** » (Michel Gondry, 2004), il est possible de manipuler la mémoire, c'est-à-dire ce qu'une personne « sait » de son passé. Alors que sa compagne efface progressivement ses souvenirs, le héros se bat pour en préserver au moins une petite partie.

Dans « **Minority Report** » (Steven Spielberg, 2002) il est question d'individus précognitifs (qui ont la capacité de voir l'avenir).

Dans « **Mulholland Drive** » (David Lynch, 2001), une femme devient amnésique après un accident de voiture pendant une nuit, et une autre femme tente de l'aider à retrouver la mémoire, tout cela entrelardé d'une histoire de meurtre ou de suicide. Le film entretient la confusion tant entre les identités des deux femmes que sur la chronologie des différentes histoires imbriquées.

Dans « **Cet obscur objet du désir** » (Luis Buñuel, 1977), le réalisateur décrit la mécanique d'un désir sans fin, à la limite de la mort.

Dans « **Les visiteurs du soir** » (Marcel Carné, scénario de Prévert, 1942), le temps s'arrête pour tous les personnages, sauf pour les fiancés (Anne et Renaud) et pour les envoyés du diable (Gilles et Dominique) chargés de les séduire.

Bien sûr, il y aussi de nombreuses œuvres littéraires (et leurs éventuelles adaptations cinématograhiques) où le temps joue un rôle primordial : "The Time Machine" (H.G. Wells), « Le monde du Ā » (Alfred van Vogt), « Le voyageur imprudent » (René Barjavel), « Through the looking glass » (Lewis Carroll), sans oublier « le Politique » de Platon.

Annexe 3

Quelques formules fondamentales de la mécanique classique

• Équations de Newton :

$$F = m\,\gamma = m\,d^2q_i/dt^2 = m\,dv_i/dt = d(mv_i)/dt = dp_i/dt$$

où t désigne le temps, v la vitesse, γ l'accélération, m la masse, q_i les coordonnées spatiales et p_i l'impulsion (ou quantité de mouvement **mvi**) du corps au point i ($i = 1,..., N$).

• Équations de Lagrange :

Les équations du mouvement d'un système à N degrés de liberté dépendent des coordonnées q_i et des vitesses correspondantes dq_i/dt. Si l'on pose

$$\dot{q}_i = \frac{dq_i}{dt}$$

le Lagrangien peut s'écrire formellement comme une fonction

$$\mathcal{L}(q_i, \dot{q}_i, t)$$

En mécanique hamiltonienne, chaque vitesse généralisée est remplacée par la quantité de mouvement associée, aussi appelée *moment conjugué* ou encore *impulsion généralisée* :

$$p_i \equiv \frac{\partial \mathcal{L}}{\partial \dot{q}_i}$$

• Équations de Hamilton :
L'hamiltonien $\mathcal{H}$ est la transformée de Legendre du Lagrangien :

$$\mathcal{H}(q_i, p_i, t) = \sum_{k}^{N} \dot{q}_k \, p_k - \mathcal{L}(q_i, \dot{q}_i, t)$$

et les équations canoniques de Hamilton :

$$\dot{q}_i = \frac{\partial \mathcal{H}}{\partial p_i} \quad ; \quad \dot{p}_i = -\frac{\partial \mathcal{H}}{\partial q_i} \quad ; \quad \frac{\partial \mathcal{H}}{\partial t} = \frac{d\mathcal{H}}{dt} = -\frac{\partial \mathcal{L}}{\partial t}$$

Annexe 4

Théorème H de Boltzmann

Le théorème H a été démontré par Boltzmann en 1872 dans le cadre de la théorie cinétique des gaz, par l'équation dite de Boltzmann – une équation intégro-différentielle qui décrit l'évolution d'un gaz proche de l'état d'équilibre. La théorie cinétique des gaz, qui est basée sur l'application de la mécanique classique aux molécules constituant le gaz à l'échelle microscopique, s'est développée à partir des travaux fondateurs de Maxwell (1850) en parallèle avec la thermodynamique.

Selon ce théorème, il existe une certaine grandeur $H(t)$ qui varie de façon monotone en décroissant au cours du temps, pendant que le gaz relaxe vers l'état d'équilibre caractérisé par la distribution de Maxwell. Cette démonstration requiert toutefois des hypothèses supplémentaires, notamment celle du « chaos moléculaire » selon laquelle, suite aux mouvements et chocs moléculaires, un désordre se maintiendra avec une certaine homogénéité, qui ne dépend curieusement pas de l'évolution du mouvement des molécules elles-mêmes.

Il semblait tentant d'identifier la grandeur $H(t)$ à l'entropie (au signe près) introduite en thermodynamique par Clausius (1850) et qui, pour un système isolé, ne peut que croître d'après le second principe. Cette identification aurait permis de déduire le second principe, macroscopique, à partir des lois de la dynamique des molécules, microscopiques, conformément à l'approche réductionniste de la Nature.

Bientôt cependant, Loschmidt (1876), puis Zermelo, formulèrent des critiques virulentes contre le théorème H, Boltzmann étant accusé de pratiquer des « mathématiques douteuses ». Loschmidt se demande comment la grandeur $H(t)$ peut varier de façon monotone au cours du temps alors que les équations de la mécanique classique sont réversibles. En effet, si la fonction $H(t)$ est décroissante et qu'à un instant donné on renverse exactement toutes les vitesses de molécules, alors la nouvelle évolution se fait à l'envers, avec $H(t)$ commençant par croître. La réponse de Boltzmann fut brève : « *Allez-y, renversez-les !* », signifiant l'impossibilité pratique d'une telle inversion exacte.

Avec la découverte du phénomène de sensibilité aux conditions initiales caractéristique des systèmes chaotiques, nous savons aujourd'hui qu'une inversion approchée des vitesses va rapidement entraîner une déviation par rapport à l'orbite initiale exacte inversée, et ce aussi petites que soient les erreurs introduites sur les conditions initiales. Des simulations numériques montrent alors qu'après une inversion approchée, la fonction $H(t)$ commence bien par croître comme le prédisait Loschmidt, mais qu'elle se remet très rapidement à décroître à nouveau et ce pour presque toutes les conditions initiales approchées, l'orbite réelle du système différant de l'orbite initiale exacte inversée.

Annexe 5

Entropie et information

L. Brillouin, D. Gabor et J. Rothstein ont montré que l'entropie des physiciens peut et doit être mise en relation numérique avec l'information qu'on peut retirer d'une mesure physique (comme aussi de toute opération mettant en jeu un intermédiaire physique, telle que, par exemple, une communication téléphonique) : « *Toute information acquise au cours d'une mesure physique l'est nécessairment aux dépens d'un accroissement concomitant de l'entropie de l'univers.* »

Pour Boltzmann, l'entropie est une mesure de « *l'information manquante* ». Pour Brillouin : « *L'entropie est, en général, considérée comme exprimant l'état de désordre d'un système physique. D'une façon plus précise on peut dire que l'entropie mesure le manque d'information sur la véritable structure du système. Ce manque d'information implique la possibilité d'une grande variété de structures microscopiques distinctes qui sont, en pratique, impossibles à distinguer les unes des autres. Puisque l'une quelconque de ces microstructures peut exister réellement, le manque d'information correspond à un désordre réel dans les <u>degrés de liberté cachés</u>.* » (souligné par O. Costa de Beauregard)

Un accroissement d'information sur l'état fin d'un système équivaut à la possibilité de faire décroître l'entropie de ce système. D'où le principe de Carnot généralisé, énoncé en 1956 par Léon Brillouin : pour acquérir une information ΔI, il faut dépenser une néguentropie préexistante ΔN au moins égale, de sorte qu'on a la double inégalité :

$$\Delta S \geq \Delta S - k \ln 2 \, \Delta I \geq 0$$

$\Delta S = -\Delta N$ étant l'augmentation d'entropie liée à l'acte de mesure, ΔI l'information gagnée,
k ln 2 le facteur d'équivalence naturel, correspondant à la conversion en unité thermodynamique de l'unité d'information exprimée en bits, où k désigne la constante de Boltzmann, ln le logarithme népérien. En rapprochant les deux extrêmes de cette double inégalité, on obtient l'expression du principe de Carnot ($\Delta S \geq 0$).

La présence du facteur $k\ln 2$ dénote que l'équivalence entre *néguentropie* et *information* n'est pas une identité, de même que dans le premier principe de thermodynamique il y a équivalence, et non identité, entre *travail* et *chaleur*.

La transition *information* –> *néguentropie* schématise le processus de l'observation. La transition inverse *néguentropie* –> *information* schématise le processus de l'action/organisation (où *information* signifie *pouvoir d'organisation*, selon la conception aristotélicienne).

[d'après O. Costa de Beauregard]

Annexe 6

Équation de Schrödinger

En mécanique quantique, l'état à l'instant *t* d'un système est décrit par un élément **Ψ(*t*)** de l'espace complexe de Hilbert [cf. ANNEXE 10]. Un élément de cet espace est un vecteur (au sens d'une structure algébrique). La fonction d'onde **Ψ(*t*)** représente les probabilités de résultats de toutes les mesures possibles d'un système.

L'évolution temporelle de **Ψ(*t*)** est décrite par l'équation de Schrödinger :

$$\frac{\hat{\vec{p}}^2}{2m} |\Psi(t)\rangle + V(\hat{\vec{r}}, t) |\Psi(t)\rangle = i\hbar \frac{d}{dt} |\Psi(t)\rangle$$

où *i* est l'unité imaginaire ;
$\hbar$ est la constante de Planck réduite : $\hbar = h/2\pi$
$\hat{\vec{r}}$ est l'observable position ;
$\hat{\vec{p}}$ est l'observable impulsion.

$$\hat{H} = \frac{\hat{\vec{p}}^2}{2m} |\Psi(t)\rangle + V(\hat{\vec{r}}, t) |\Psi(t)\rangle$$

est l'hamiltonien, dépendant du temps en général, l'observable correspondant à l'énergie totale du système.

Cette équation est écrite en utilisant le formalisme « bra-ket » de Paul Dirac : cette notation a été introduite pour faciliter l'écriture des équations de la mécanique quantique, mais aussi pour souligner l'aspect vectoriel de l'objet représentant un état quantique. Le nom provient d'un jeu de mots avec le terme anglais *bracket* qui signifie « crochet de parenthèse », en l'occurrence « $\langle$ » et « $\rangle$ » respectivement appelés « bra » et « ket ».

Annexe 7

Théorie des cordes et supercordes

La théorie des cordes est due au physicien italien Gabriele Veneziano pour rendre compte de la mécanique quantique relativiste. Elle vise à fournir une description de la gravité quantique c'est-à-dire l'unification de la mécanique quantique et de la théorie de la relativité générale. Selon cette théorie, les constituants fondamentaux de la matière (quarks, leptons et bosons) seraient non pas des particules ponctuelles (de dimension 0), mais des structures longilignes de dimension 1, appelées « cordes » (par analogie avec les cordes vibrantes). Une corde est une entité élémentaire se manifestant sous diverses configurations (fréquence fondamentale et amplitude d'onde) correspondant à des particules différentes. La conservation des symétries en théorie des cordes nécessite l'introduction de dimensions supplémentaires, dont certaines sont repliées sur elles-mêmes, de sorte qu'elles passent inaperçues à notre échelle.

Il existe différentes théories des cordes. La théorie des supercordes s'inscrit dans un univers (espace-temps) à 10 dimensions et suppose l'existence de supersymétries, c'est-à-dire une symétrie qui postule une relation profonde entre les particules de spin demi-entier (les fermions) qui constituent la matière et les particules de spin entier (les bosons) véhiculant les interactions. Les interactions entre particules sont décrites en termes de jonction et de scission de supercordes ouvertes ou fermées. Le graviton (particule hypothétique, responsable de l'intégration gravitationnelle) serait une supercorde fermée, les autres espèces de particules seraient des supercordes ouvertes.

Annexe 8

Équation de Wheeler-DeWitt

Cette équation s'écrit :

$$H \mid \Psi > \; = 0$$

où H est l'hamiltonien total contraint en relativité généralisée quantique et $\mid \Psi >$ la fonction d'onde [cf. ANNEXE 6].

Bien que les symboles H et Ψ puissent paraître familiers, leur interprétation dans l'équation de Wheeler-DeWitt est sensiblement différente de celle de la mécanique quantique non relativiste.

$\mid \Psi >$ n'est plus une fonction d'onde spatiale au sens traditionnel d'une fonction à valeurs complexes, définies dans un espace 3D normalisé à l'unité. Mais c'est une fonctionnelle de configurations de champ sur tout l'espace-temps. La fonction d'onde contient toute l'information sur la géométrie et la matière de l'univers. H est toujours un opérateur qui agit sur l'espace de Hilbert des fonctions d'onde, mais ce n'est plus le même espace de Hilbert que dans le cas non-relativiste, et l'hamiltonien ne détermine plus l'évolution du système. De sorte de l'équation de Schrödinger ne s'applique plus.

Annexe 9

Espace de Minkowski et transformations de Lorentz

L'espace-temps de Minkowski est un espace affine de dimension 4 sur **R** (nombres réels) muni d'une forme quadratique q de signature (3,1), c'est-à-dire que

$$q(x,y,z,t) = x^2 + y^2 + z^2 - c^2 t^2$$

Cet espace modélise l'espace physique pour la théorie de la relativité restreinte. Le temps t est une coordonnée indissociable des variables d'espaces (x,y,z), il intervient dans la géométrie de l'espace ; c est la vitesse de la lumière.

Alors que l'intervalle, dans l'espace classique, est défini par $s^2 = x^2 + y^2 + z^2$, on définit l'intervalle d'espace-temps, dans l'espace de Minkowski, comme :

$$s^2 = c^2 t^2 - x^2 - y^2 - z^2$$

Si $s^2 > 0$ l'intervalle est du genre temps,
Si $s^2 < 0$ l'intervalle est du genre espace,
Si $s^2 = 0$ l'intervalle est du genre lumière.

L'ensemble des points-événements de l'espace-temps tel que $s^2 = 0$ constitue le « cône de lumière » délimitant trois parties : futur, passé, ailleurs, le sommet du cône étant l'origine, qui peut être définie comme « ici et maintenant ».

Un élément $M(x,y,z,t)$ de cet espace s'appelle un événement ayant lieu au point (x,y,z) au temps t. Un autre point $M'(x',y',z',t')$ fait partie du futur de M si :

$$\begin{cases} q(\overrightarrow{MM'}) \leq 0 \\ t' \geq t \end{cases} \iff \begin{cases} (x-x')^2 + (y-y')^2 + (z-z')^2 \leq c^2(t-t')^2 \\ t' \geq t. \end{cases}$$

Ce qui signifie qu'en se déplaçant au plus comme la vitesse de la lumière (contrainte physique), un observateur au point (*x*,*y*,*z*) au temps *t* pourra se rendre en (*x'*,*y'*,*z'*) au temps *t'*. De même, *M'* fait partie du passé de *M* si :

$$q(\overrightarrow{MM'}) \leq 0 \text{ et } t' \leq t.$$

En particulier, il existe des événements qui se sont déroulés avant *M* (car *t'*<*t*) mais dont on ne peut pas avoir connaissance en *M*.

En relativité restreinte, on considère deux référentiels $\mathcal{R}$ et $\mathcal{R}'$ en translation rectiligne uniforme l'un par rapport à l'autre à la vitesse v parallèle à l'axe des *x*, et on note respectivement (*x*,*y*,*z*,*t*) et (*x'*,*y'*,*z'*,*t'*) les trois coordonnées spatiales et le temps permettant de repérer un même événement observé depuis chacun de ces référentiels. De plus Δ*x*, Δ*y*,... et Δ*x'*, Δ*y'*,... représentent les différences de coordonnées entre deux événements observés depuis chacun de ces référentiels.

Les transformations de Lorentz utilisées sont :

$$\begin{cases} \Delta t' = \frac{\Delta t - v\Delta x/c^2}{\sqrt{1-v^2/c^2}} \\ \Delta x' = \frac{\Delta x - v\Delta t}{\sqrt{1-v^2/c^2}} \\ \Delta y' = \Delta y \\ \Delta z' = \Delta z \end{cases}$$

en posant $\beta = \dfrac{v}{c}$ et $\gamma = \dfrac{1}{\sqrt{1 - \beta^2}}$

$$\begin{cases} c\Delta t' = \gamma\left(c\Delta t - \beta \Delta x\right) \\ \Delta x' = \gamma\left(\Delta x - \beta c \Delta t\right) \\ \Delta y' = \Delta y \\ \Delta z' = \Delta z \end{cases}$$

on écrit :
Sous forme matricielle, ces transformations de Lorentz s'écrivent :

$$\begin{bmatrix} c\Delta t' \\ \Delta x' \\ \Delta y' \\ \Delta z' \end{bmatrix} = \begin{bmatrix} \gamma & -\beta\gamma & 0 & 0 \\ -\beta\gamma & \gamma & 0 & 0 \\ 0 & 0 & 1 & 0 \\ 0 & 0 & 0 & 1 \end{bmatrix} \begin{bmatrix} c\Delta t \\ \Delta x \\ \Delta y \\ \Delta z \end{bmatrix}.$$

[d'après bitmath.net]

Annexe 10

Espace de Hilbert

Soit l^2 l'ensemble des suites infinies de nombres réels $x = x_n$ ($n = 1, 2,...$) telles que la série à termes positifs ou nuls
$$\sum x_n^2 = x_1^2 + x_2^2 + ... + x_n^2 + ...$$
soit convergente.

On définit sur cet ensemble une structure d'espace vectoriel sur le corps **R** (des nombres réels), avec les opérations somme de deux suites, produit par un scalaire (nombre réel), le produit scalaire étant défini par :
$$(x|y) = \sum x_n y_n$$
L'ensemble l^2 forme un espace de Hilbert, d'après le nom du mathématicien David Hilbert. C'est un espace vectoriel de dimension infinie.

Annexe 11

L'analyse non standard

L'analyse non standard est un ensemble d'outils développés depuis 1960 afin de traiter la notion d'infiniment petit de manière rigoureuse. En effet, depuis le XVIIe siècle, le calcul différentiel et infinitésimal a fait apparaître l'utilisation de quantités infiniment petites. Leibniz, Euler et Cauchy en firent grand usage. Cependant, ils ne purent éclairer pleinement la nature même de ces infiniment petits. Leur usage disparut au XIXe siècle avec le développement de la rigueur en analyse, par Weierstrass et Dedekind.

Il fallut attendre la deuxième moitié du XXe siècle pour qu'une introduction rigoureuse des infiniment petits soit proposée. Après une approche due à Abraham Robinson en 1961, issue des travaux de la logique mathématique et utilisant la notion de modèle, Wilhelmus Luxemburg popularisa en 1962 une construction (déjà découverte par Edwin Hewitt en 1948) des infiniment petits (et des autres hyperréels), donnant ainsi naissance à une nouvelle théorie, l'analyse non standard, qui permet de présenter les principaux résultats de l'analyse sous une forme plus intuitive que celle exposée traditionnellement depuis le XIXe siècle. En 1977, Edward Nelson fournit une autre présentation de l'analyse non standard – appelée IST (Internal Set Theory) – fondée sur l'axiomatique de Zermelo-Frankel à laquelle est ajouté un nouveau prédicat : le prédicat standard. Le comportement de ce nouveau prédicat est basé sur 3 axiomes nouveaux : l'axiome d'idéalisation ; l'axiome de standardisation ; l'axiome de transfert.

L'analyse non standard introduit la notion d'objet standard (tout objet mathématique fini) s'opposant à celle d'objet non standard, ou plus généralement de modèle standard et de modèle non standard. Le sens du qualificatif « standard » est celui d'objet appartenant à l'horizon perceptible, non standard comme étant au-delà de l'horizon perceptible. Un ensemble peut donc être standard ou non standard (on dit aussi « charmé »), il ne peut être les deux. Sont standard les objets usuels des mathématiques classiques (1, 2, π,…). Les infiniment petits ou infiniment grands introduits sont non standard. On peut parler d'entier standard et d'entier non standard. Le mot « standard » n'est pas défini, pas plus que ne sont définis les mots « ensemble » ou « appartenance ». C'est ce qu'on appelle une notion primitive. On explique seulement la façon dont on peut utiliser cette nouvelle notion, au moyen des axiomes qui suivent.

Exemples d'équivalent en analyse non standard de notions de l'analyse classique, lorsqu'elles sont appliquées à des objets standard :

- Convergence simple vers f d'une suite (f_n) de fonctions : pour tout n infiniment grand et tout x standard, $f_n(x) \approx f(x)$.
- Convergence uniforme vers f d'une suite (f_n) de fonctions : pour tout n infiniment grand et tout x, $f_n(x) \approx f(x)$.
- Compacité d'un espace K : tout point de K est presque standard (un point est presque standard s'il est infiniment proche d'un point standard)
- Complétude d'un espace E : tout point quasi standard est presque standard (un point x est quasi standard si pour tout r standard, x se trouve à une distance inférieure à r d'un point standard)

Annexe 12

Évolution de la structure d'ordre temporel

Soit E_0 l'ensemble des événements mémorisés (par une mémoire supposée parfaite, c'est-à-dire sans perte) par un individu à l'instant présent, E_1 il y a un an, E_2 il a deux ans, et ainsi de suite. Nous obtenons la suite

$$\ldots C\ E_n\ C\ \ldots\ C\ E_2\ C\ E_1\ C\ E_0$$

où C représente le symbole d'inclusion (au sens large) d'un ensemble dans un autre.

Cette suite d'ensembles forme une image statique du temps. Comment évolue-t-elle au cours du temps ? Lorsqu'un an est passé, E_0 est devenu E_1, E_n est devenu E_n+1 et un nouvel E_0 est apparu.

Pour tout $i > j$, nous avons la relation d'inclusion $E_i\ C\ E_j$, d'où il s'ensuit que Card (E_i) ≤ Card (Ej), où l'opérateur mathématique Card désigne la cardinalité de l'ensemble, c'est-à-dire le nombre d'éléments inclus dans cet ensemble, ce qui est évident puisque le cumul d'événements comptabilisés à une date donnée est supérieur au cumul d'événements à une date antérieure. En outre, le futur (que nous pourrions représenter avec des indices négatifs, –1 pour l'année prochaine, etc.) présente une multitude de potentialités dont un nombre restreint seulement sera réalisé dans le présent, donc l'ensemble des états futurs est plus grand que l'ensemble des états présents. en matière d'antériorité, le nombre d'états ordonnés est inférieur au nombre d'états désordonnés qui en découle (exemple : le premier état est la tasse entière et pleine, le second est la tasse cassée et le contenu répandu).

Nous avons considéré les événements vécus par un individu. Si la mémoire de celui-ci est parfaite, ce qui était notre hypothèse de départ, nous avons une relation d'ordre total. En revanche, s'il y a perte (oubli partiel), le passage de E_0 à E_1 s'accompagne d'une sortie d'éléments de l'ensemble, sortie provisoire ou définitive. Le nombre d'événements dont on se souvient à un moment donné est inférieur au nombre d'événements vécus un an plus tôt.

Index des noms propres

Anaximandre 30
Andersen 197
André 176
Arendt 10
Aristote 28, 31, 81, 101, 168
Aspect 141
Atlan 16
Augustin 13, 17, 31, 134
Banks 144
Barjavel 101
Barbour 90, 192, 197
Barrau 136, 173
Barrow 104, 135, 155, 175, 177, 188
Bayes 147
Bergson 17, 40, 63, 146
Bertalanffy 111
Bohm 141
Bohr 121, 125
Boltzmann 108, 109, 110, 113
Borges 9, 52, 67, 68, 69, 70, 146
Bourbaki 158
Bradley 186
Brillouin 108, 111

Callender 143
Carnap 83, 120
Carnot 109
Carroll 61
Castel 66, 71, 82, 195
Ciccotti 113
Cicéron 30
Clausius 109
Clémence 91
Cohen-Tannoudji 171
Connes 112, 113
Copernic 158
Costa de Beauregard 63, 65, 66, 101, 108, 112, 147, 183
Dali 41
Damour 114
Dante 39
Darwin 193
DeWitt 142
Dharmakirti 69
Dirac 126
Dobbs 66
Doppler 130
Dormael 52
Dumézil 26
Dummett 103

Dunne 53, 67
Dupuy 57
Eddington 99, 110
Ehrenfest 110
Einstein 16, 17, 82, 91, 119, 120, 131, 140, 142, 161, 163, 165, 166, 188, 191, 192, 194
Ekeland 102, 103
Eliade 38
Elias 51, 79
Ellis 184
Empédocle 28
Euclide 158
Eudème 30
Feinberg 64, 66
Feynman 64, 105, 124, 139
Fock 171, 172
Foundalis 193
Fourier 108
Freud 54, 69
Galilée 87, 96, 158, 160
Galison 164
Gamow 163
Gell-Mann 128
Gödel 158
Gonseth 59, 193
Gordon 126
Granet 37
Grünbaum 65, 99, 145
Gusdorf 24, 26, 49, 67, 69
Guyau 194

Hamilton 122
Hartle 165
Hawking 99, 165
Hegel 32
Heisenberg 66, 123, 125, 126, 170, 194
Héraclite 28
Hésiode 30
Hilbert 170, 171, 172
Hoyle 130, 139
Hubble 116, 130
Hume 101
Jacobi 122
Jullien 38
Jung 16, 68, 101
Kaluza 172
Kant 9, 17, 50, 102
Kepler 102
Kiefer 144
Klein 57, 58, 114, 120, 126, 128, 132, 172, 195
Lachièze-Rey 133, 136
Lagrange 122
Landau 124, 158
Laplace 64, 102, 176
Lapouge 89
Leibniz 16, 88, 161
Lifchitz 158
Lochak 86, 100
Locke 58
Lorentz 170, 191
Luminet 133, 136

Mach 93
Maeterlinck 163
Marc Aurèle 30
Maury 68
Maxwell 110, 115
McTaggart 11, 13, 185, 186, 194
Minkowski 63, 161, 164, 165, 166, 170, 171
Monge 62, 145, 177
Monod 117
Munch 42
Nerval 38
Neumann 124
Newton 50, 90, 93, 102, 122, 141, 160, 166
Nietzsche 27
Nyayavart 35
Opalka 42
Parménide 28, 193
Patânjali 26
Paul 176
Pauwels 66
Penrose 103, 182
Penzias 130
Perrin 14
Philon 134
Planck 92, 111, 121, 133, 173, 194
Platon 27, 28, 81, 164
Podolski 140
Poincaré 62, 94, 120, 143, 158, 181

Prigogine 121
Ptolémée 158
Pythagore 30
Radiguet 69
Rao 194
Reeves 131
Reichenbach 63
Rembrandt 42
Regnauld 14
Ricœur 194
Riemann 193
Robinson 178
Rosen 140
Roubaud 11
Rovelli 60, 94, 113, 129, 142, 143, 144, 192, 194
Ruelle 113, 130, 159, 189
Russell 185, 193
Schrödinger 122, 124, 126, 143, 170
Shankara 36
Siddheswarananda 55, 57
Smolin 142, 183
Solon 30
Spinoza 9, 27, 33
Spiro 171
Sudarshan 66
Takesaki 171
Tanguy 41
Tomita 171
Tulving 54
Tyson 145
Valéry 59

Van Gogh 42
Van Vogt 54
Watts 58
Weizsäcker 111
Weyl 131, 183

Wheeler 139, 142, 192
Wilson 130
Wittgenstein 9, 14, 194
Zénon 28
Žižek 57

Bibliographie indicative et non exhaustive

(Auteurs et textes à lire à propos du temps – les dates correspondent généralement à la première publication.)

– **Adde**, Alain, « Sur la nature du temps », PUF, 1998.
– **Alegria**, J., « L'espace et le temps aujourd'hui », Seuil, 1983
– **Arendt**, Hannah, « Condition de l'homme moderne », 1958
– **Aristote**, « Physique », IV, 10-14
– **Augustin**, « Confessions », livre XI
– **Bachelard**, Gaston, « la dialectique de la durée », PUF, 1950
– **Bachelard**, Gaston, « L'intuition de l'instant », Stock, 1932
– **Barbour**, Julian, « The end of Time », Oxford University Press, New York, 2000
– **Barbour**, Julian, « The nature of Time », mars 2009
– **Barjavel**, René, « Le voyageur imprudent », 1943
– **Barrau**, Aurélien, Gyger, Patrick, Kistler, Max et Uzan, Jean-Philippe, « Multivers. Mondes possibles de l'astrophysique, de la philosophie et de l'imaginaire », La ville brûle, 2010
– **Barreau**, Hervé, « La construction de la notion du temps », thèse d'Etat, Paris X, Nanterre, 1982
– **Barreau**, Hervé, « Le temps », Que sais-je ? n° 3180, PUF, 1996
– **Barrow**, John D., « Theories of everything. The quest for ultimate explanation », Oxford University Press, 1991
– **Bergson**, Henri, « Durée et simultanéité », PUF, 1968

- **Bergson**, Henri, « L'évolution créatrice », PUF, 1957
- **Bergson**, Henri, « Matière et mémoire », Félix Alcan, 1896
- **Bergson**, Henri, « La pensée et le mouvant », PUF, 1969
- **Blackburn**, Simon, « Une irrésistible introduction à la philosophie », Champs Flammarion, 2008
- **Bohm**, David, « Wholeness and the Implicate Order », Routledge, London, 1980
- **Boltzmann**, Ludwig, « Leçons sur la théorie des gaz », Paris 1902
- **Borel**, Emile, « L'espace et le temps », Alcan, 1939
- **Borges**, Jorge Luis, « le Livre de sable », 1975
- **Borges**, Jorge Luis, « Le temps circulaire », dans « Histoire de l'éternité », éditions du Rocher, 1951
- **Borges**, Jorge Luis, « Le temps et J.W. Dunne », dans « Autres inquisitions », Gallimard, 1957
- **Borges**, Jorge Luis, « Une nouvelle réfutation du temps », Labyrinthe, Gallimard, 1947
- **Bradley**, Francis Herbert, « Essays on truth and reality », Clarendon Press, Oxford, 1914
- **Brillouin**, Léon, « La science et la théorie de l'information », Masson, 1959
- **Brunschvicg**, Léon, « L'expérience humaine et la causalité physique », Alcan, 1922
- **Callender**, Craig, « Introducing time », Totem Books, 2005
- **Callender**, Craig, « Le temps est-il une illusion ? » (Pour la Science n° 397), novembre 2010
- **Carnap**, Rudolf, « Logical structure of the world », Rootledge & Kegan Paul, London, 1968
- **Carnot**, Sadi, « Réflexions sur la puissance motrice du feu », 1824
- **Casati**, Roberto, et Varzi, Achille, « 39 petites histoires philosophiques d'une redoutable simplicité », Albin Michel, 2005

- **Castel**, Benjamin, « Chronotopie », 1972
- **Clarke**, Robert, « Il était une fois le temps », Tallandier, 2005
- **Clemence**, G.M., « Astronomical time », Rev.Mod.Phys. 29, 2, 1957
- **Cohen-Tanoudji**, Gilles et Spiro, Michel, « La matière espace-temps », Fayard, 1986
- **Cohn**, Emil, « Physikalisches über Raum und Zeit », Leipzig, 1911
- **Costa de Beauregard**, Olivier, « Le second principe de la science du temps », Seuil, 1963
- **Costa de Beauregard**, Olivier, « La notion de temps. Equivalence avec l'espace », Hermann, 1983
- **Damour**, Thibault, et Jean-Claude Carrière, « Entretiens sur la multitude du monde », Odile Jacob, 2002
- **Dante**, « Enfer », X, 97-102 (inversion du temps)
- **DeWitt**, Bryce, « Quantum theory of gravity », Physical Review 160 1113, 1967
- **Dirac**, P.A.M., « A new basis for cosmology », 1938
- **Dumézil**, Georges, « Temps et mythes. Recherches philosophiques », 1935-1936
- **Dummett**, Michael, « Can an Effect Precede its Cause? », in Proceedings of the Aristotelian Society, 1954
- **Dunne**, J.W., « An Experiment with Time », Faber, 1958
- **Dupuy**, Jean-Pierre, « Petite métaphysique des tsunami », Seuil, 2005
- **Eddington**, Arthur, « La nature du monde physique », Payot, 1929
- **Eliade**, Mircea, « Le mythe de l'éternel retour », Gallimard, 1969
- **Elias**, Norbert, « Du temps », Fayard, 1996
- **Einstein**, Albert, « Principe de relativité », 1910

— **Ekeland**, Ivar, « Au hasard. La chance, la science et le monde », Seuil, 1991

— **Ellis**, George F.R., « On the flow of time », Cape Town, 2008

— **Feinberg**, Gerald, « Possibility of faster-than-light particles », Physical Review 159 : 1089-1105, 1967 (sur les tachyons)

— **Fer**, Francis, « L'irréversibilité, fondement de la stabilité du monde physique », Gauthier-Villars, 1977

— **Feynman**, Richard P., Leighton, R.B., Sands, M., « Lectures on physics », Addison-Wesley, California Institute of Technology, 1963

— **Feynman**, Richard, « La nature des lois physiques », Robert Laffont, 1970

— **Foundalis**, Harry E., « Why does time "flow" but space is ? Answers in evolution and cognition », Bloomington (Indiana, USA), 2008

— **Fraisse**, Paul, « Psychologie du temps », PUF, 1957

— **Franz**, Marie-Louise von, « Nombre et temps », éditions de la Fontaine de Pierre, 1978

— **Friedmann**, Alexandre et Lemaître, Georges, « Essais de cosmologie », Seuil, 1997

— **Galison**, Peter, « L'empire du temps. Les horloges d'Einstein et les cartes de Poincaré », Robert Laffont, 2005

— **Galison**, Peter, « Minkowski's space-time : from visual thinking to the absolute world », 1979

— **Gamow**, George, « Mr Tompkins in Wonderland », Macmillan, 1946 (« M. Tompkins au pays des merveilles », Dunod, 1957)

— **Gibbs**, Josiah W., « Elementary principles of statistical mechanics », Yale University Press, New Haven, 1981

— **Gonseth**, Ferdinand, « Le problème du temps », éditions du Griffon, Neuchatel, 1964

— **Grünbaum**, Adolf, « Philosophical problems of space and time », 1963

— **Grünbaum**, Adolf, « Carnap's views of the foundations of geometry », 1968

– **Gunzig**, Edgard, « Que faisiez-vous avant le Big Bang ? », Odile Jacob, 2008

– **Gusdorf**, Georges, « Mémoire et personne », PUF, 1951

– **Gusdorf**, Georges, « Mythe et métaphysique », Flammarion, 1953

– **Hawking**, Stephen, « A brief history of time », Bantam books, Toronto, 1988 (« Une brève histoire de temps », Champs Flammarion)

– **Heidegger**, Martin, « Sein und Zeit » (« L'être et le temps »), Halle, 1927

– **Hoyle**, Fred, « Galaxies, noyaux et quasars », Buchet-Chastel, 1965

– **Hubert**, Henri & Mauss, Marcel, « Étude sommaire de la représentation du temps dans la religion et la magie », in « Mélanges d'histoire des religions », Alcan, 1909

– **Husserl**, « Leçons pour une phénoménologie de la conscience intime du temps », PUF, 1996

– **Jacob**, André, « Temps et langage », Armand Colin, 1967

– **Jaeglé**, Pierre, « Essai sur l'espace et le temps », éditions sociales, 1976

– **James**, William, « The Principles of Psychology », 1890

– **Jeans**, James, « A travers l'espace et le temps », Hermann, 1935

– **Jung**, Carl Gustav, « Ma vie, souvenirs, rêves et pensées », Gallimard, 1957

– **Jung**, Carl Gustav, « Synchronizität als ein Prinzip akausaler Zusammenhänge » (« La synchronicité, un principe de relations acausales »), 1952

– **Kaluza**, Theodor, « On the problem of unity in physics », Sitzungsber. Preuss. Akad. Wiss. (Math. Phys.) 966-972, Berlin, 1921

– **Kant**, Emmaunel, « Critique de la raison pure », 1781

– **Kiefer**, Claus, « Quantum gravity », Oxford University Press, 2007

- **Klein**, Etienne, « Le temps », Dominos, Flammarion, 1995
- **Klein**, Etienne, « Les tactiques de Chronos », Flammarion, 2004
- **Klein**, Etienne, « Le facteur temps ne sonne jamais deux fois », Flammarion, 2007
- **Klein**, Oskar, « Quantum theory and five dimensional theory of relativity », Z. Phys. 37 895-906, 1926
- **Lachièze-Rey**, Marc, « Au-delà de l'espace et du temps : la nouvelle physique », Le Pommier, 2003
- **Laplace**, Pierre-Simon de, « Essai philosophique sur les probabilités », 1814
- **Landau**, Lev et Lifchitz, Evguéni, « Cours de physique théorique », 9 volumes, éditions Mir, Moscou, 1969-1980
- **Leeuw**, Gerardus van der, « L'homme primitif et la religion », PUF, 1940
- **Leibniz**, Gottfried Wilhelm, « Théorie du mouvement concret et du mouvement abstrait », 1670
- **Lochak**, Georges, « Temps physique et irréversibilité », Revue du Palais de la Découverte, janvier 1986
- **Lochak**, Georges, « Douze clés pour la physique », Augustin Fresnel, 1982
- **Locke**, John, « Identité et différence. L'invention de la conscience », Seuil, 1998
- **Lorentz**, Hendrik Antoon, « Vesuch einer Theorie der elektrischen und optischen Erscheinungen in bewegten Körpern », La Haye, 1895
- **Luminet**, Jean-Pierre, « L'invention du big bang », Seuil, 2004
- **Luminet**, Jean-Pierre et Lachièze-Rey, Marc, « De l'infini… », Dunod, 2005
- **Mach**, Ernst, « The Science of Mechanics », University of California Libraries, 1915
- **Maeterlinck**, Maurice, « La vie de l'espace », 1928

- **Mahadevan**, T.M.P., « Time and the timeless », 1953
- **Mandelbrot**, Benoît, « Les objets fractals : forme, hasard, et dimension », Flammarion, 1973
- **Maury**, Alfred, « Le sommeil et les rêves, 1861
- **McTaggart**, John McTaggart Ellis, « The Unreality of Time », 1908
- **Mehlberg**, H., « Physical laws and time's arrow », New York, 1961
- **Minkowski**, Hermann, conférence sur l'espace et le temps, 1905-1908 (cf. Galison)
- **Monge**, Jean, « Temps et mémoire », éditions Horvath, 1972
- **Monod**, Jacques, « Le hasard et la nécessité », Seuil, 1970
- **Nagel**, Thomas, « Qu'est-ce que tout cela veut dire ? Une très brève introduction à la philosophie », éditions de l'éclat, 1993
- **Nagel**, Thomas, « Questions mortelles », PUF, 1983
- **Nagel**, Thomas, « Le point de vue de nulle part », éditions de l'éclat, 1993
- **Neumann**, John von, « Fondements mathématiques de la mécanique quantique » (« The Mathematical Foundations of Quantum Mechanics »), Jacques Gabay, 1992
- **Newton**, Isaac « Philosophiae Naturalis Principia Mathematica », Londres, 1687 – traduit en français par Emilie du Châtelet sous le titre « Principes mathématiques de la philosophie naturelle », 1756
- **Nietzsche**, Friedrich, « Unzeitgemässe Betrachtungen » (« Considérations intempestives »), Leipzig, 1874
- **Ouspensky**, Peter, D., « The fourth dimension », 1909
- **Ouspensky**, Peter, D., « A new model of the universe », Routledge, 1931
- **Pauli**, Wolfgang, « Aufsätze und Vorträge über Physik und Erkenntnistheorie », Vieweg Verlag, Braunschweig, 1961
- **Pauwels**, Louis, « Blumroch l'admirable ou le déjeuner du surhomme », Gallimard, 1978

- **Penrose**, Roger, « The road to reality: A complete guide to the laws of the universe », Jonathan Cape, London, 2004
- **Perrin**, Denis, « Le flux et l'instant, Wittgenstein aux prises avec le mythe du présent », 2007
- **Perrin**, Jean, « Les éléments de la physique », Albin Michel, 1929
- **Planck**, Max, « Vorlesungen über Thermodynamik », Leipzig, 1930
- **Platon**, « le Politique » (un mythe cosmogonique d'inversion du temps)
- **Poincaré**, Henri, « La mesure du temps », Revue Métaphysique Morale 6 1, 1898
- **Poincaré**, Henri, « L'espace et le temps », 1912
- **Pomian**, Krzysztof, « L'ordre du temps », Gallimard, 1984
- **Priestley**, John Boynton, « Man and Time », Douglas Hill, 1964
- **Prigogine**, Ilya, « Physique : temps et devenir », Masson, 1980
- **Prigogine**, Ilya et Stengers, Isabelle, « Entre le temps et l'éternité », Fayard, 1988
- **Rao**, P. Rama, « Studies in time perception », Delhi, 1978
- **Reeves**, Hubert, « La première seconde », Seuil Science ouverte, 2000
- **Regnauld**, Hervé, « Et si on supprimait la pensée du présent ? », Espacestemps.net, 2008,
  http://espacestemps.net/document6033.html
- **Reichenbach**, Hans, « The direction of time », University of California Press, 1956
- **Roubaud**, Jacques, « L'abominable tisonnier de John McTaggart Ellis McTaggart et autres vies plus ou moins brèves », Seuil, 1997
- **Rovelli**, Carlo, « S'affranchir du temps » (Pour la Science, n° 397), novembre 2010

— **Rovelli**, Carlo, « Qu'est-ce que le temps ? Qu'est-ce que l'espace ? », Bernard Gilson éditeur, 2006

— **Ruelle**, David, « Hasard et chaos », éditions Odile Jacob, 1991

— **Russell**, Bertrand, « Principles of Mathematics », George Allen & Unwin, London, 1942

— **Ruyer**, Raymond, « La cybernétique et l'origine de l'information », Masson, 1959

— **Siméon**, Georges, « La naissance et la mort », Revue de métaphysique et de morale, 1920

— **Smolin**, Lee, « Rien ne va plus en physique » (gravité quantique à boucles), Dunod, 2007

— **Smolin**, Lee, « Des atomes d'espace et de temps » (Pour la Science, n° 316), 2004

— **Sorli**, Amrit Srecko, « Physics without time as a fundamental physical reality », Scientific Research Center Bistra (Slovénie), 2008

— **Spinoza**, Baruch, « L'Ethique », 1677

— **Thom**, René, « Paraboles et catastrophes », Flammarion, 1983

— **Topor**, Roland, « Pendule », dans « Les chefs d'œuvre du fantastique », éditions Planète, 1967

— **Tyson**, James E., « On the non-existence of time », fqxi, 2008

— **Uzan**, Jean-Philippe et Peter, Patrick, « Cosmologie primordiale », Belin, 2005

— **Weinberg**, Steven, « Les trois premières minutes de l'Univers, Seuil, 1978

— **Wells**, Herbert George, « The Time Machine », 1895

— **Weyl**, Hermann, « Temps, espace, matière. Leçons sur la théorie de la relativité générale », Librairie scientifique Albert Blanchard, 1958

— **Whithrow**, « The natural philosophy of time », Nelson, London, 1961

— **Wittgenstein**, Ludwig, « Tractatus logico-philosophicus », 1921 (trad. française : Gallimard, 1993)

Sources collectives

– « L'espace et le temps aujourd'hui », Seuil, Points Sciences, 1983
– Revue du Palais de la découverte n° 134 (janvier 1986)
– La Recherche, hors série n° 5 (avril 2001).
– La Recherche n° 442 (juin 2010)
– Pour la Science n° 397 (novembre 2010)
– FQXi Forum (Foundational Questions Institute) : The Nature of Time Essay Contest
www.fqxi.org/community/forum/category/10

Par ailleurs, et notamment pour les définitions et dans certaines des annexes, nous nous sommes parfois appuyés sur l'encyclopédie en ligne Wikipédia et le portail mathématique bibmath.net.

Table des matières

Préambule	7
Prologue	9
Un sentiment universel, omniprésent, insaisissable	9
Urgence de la question	10
Comment l'aborder ?	12
Un sujet largement traité	13
Un objectif ambitieux	16
À la recherche d'une définition	17
Présentation de l'ouvrage	19

Première partie : Le mythe

Temps et langues, temps et grammaires	23
Temps, pratiques et croyances religieuses	25
Le temps dans l'antiquité gréco-latine	27
Le temps dans la pensée judéo-chrétienne	31
Le temps dans la tradition de l'Inde	33
Le temps dans la pensée chinoise	37
Temps historique et linéaire, temps mythique et circulaire..	38
Temps et art	41
Intermède – Les donneurs de temps (1-2)	43

Deuxième partie : L'expérience

La matière première	50
L'expérience individuelle	51

Temps et identité.. 54
L'expérience des autres.. 55
Le présent, un point singulier entre passé et futur 56
La perception du temps et de la durée 58
Penser le temps... 59
Le sens du temps.. 60
Temps, langage et raisonnement... 62
Temps et mémoire, temps et prémonition............................ 63
Temps, sommeil et rêve.. 67
Temps et conscience : intégration et superposition............ 69
L'ordre du temps vécu.. 70

Intermède – Les donneurs de temps (2-3)........................ 73

Troisième partie : La science

Chapitre Un
Introduction au temps scientifique 81
Le temps scientifique n'est pas le temps expérimenté 81
Le temps pris comme référentiel 83

Chapitre Deux
La mesure du temps 85
Possibilité/impossibilité d'une mesure 85
Une unité de mesure 86
Mesurer la durée.. 88
À la recherche d'un temps « absolu » 89
Définition astronomique 90
Définition relativisto-quantique... 92
L'uniformité du temps en question.. 93
Chronologie, tautologie et autoréférence.............................. 94
La mesure du temps n'est pas le temps.................................. 95

Chapitre Trois
Le sens du temps en physique ou « flèche du temps » 99
    Temps et causalité, temps et déterminisme, prédictibilité 100
    L'irréversibilité en physique, non-rétrodiction 105
    La flèche thermodynamique, temps et statistique 108
    Temps et entropie 109
    Temps et information 111
    Une « flèche » macroscopique 113
    La flèche électromagnétique 115
    La flèche cosmologique 115
    La flèche atomique 116
    La flèche biologique 117

Chapitre Quatre
Temps et physique moderne 119
    Temps et relativité 119
    Temps et théorie des quanta 121
    L'aporie du temps en mécanique quantique 121
    Mesure et irréversibilité en mécanique quantique 122
    Temps et instabilité quantique 125
    Systèmes quantique relativistes et inversion du temps 126

Chapitre Cinq
Temps et univers 129
    La flèche cosmologique (suite) 129
    Une nouvelle mesure du temps 131
    L'origine du temps cosmologique 132
    La fin du temps cosmologique 135
    Temps et trous noirs 136

Chapitre Six
Considérations sur le temps scientifique 139
    L'ordre du temps et ses paradoxes 139
    Le temps : une « invention » des physiciens 141

Concilier science et expérience 144
Intermède – Les donneurs de temps (3-4) 149

Quatrième partie : Formalismes mathématiques

Chapitre Un
Temps et mathématiques 157
    Des modèles pour le temps 157
    Le modèle conventionnel 159

Chapitre Deux
Modèles géométriques 161
    Le modèle linéaire, unidimensionnel 161
    Le modèle quadridimensionnel 163
    L'espace de configuration 165
    Un modèle orthogonal 166
    L'espace fibré 166

Chapitre Trois
Structures algébriques pour le temps 167
    Temps et théorie des ensembles 168
    Temps et symétrie, théorie des groupes 168
    Espaces vectoriels 170
    D'autres modèles géométrico-algébriques 172

Chapitre Quatre
Temps et analyse 175
    Dérivées et intégrales 175
    Temps et limite 178
    Analyse non standard 178

Chapitre Cinq
Temps et topologie 181
    Topologie, continuité et limite 181

Un modèle d'espace-temps à structure causale 182
Au « bord » du temps 183

Chapitre Six
Temps et arithmétique 185
Temps et relations d'ordre 185
Temps et congruence 188

En guise de conclusion : La fin du temps ? 191
La physique sans le temps 191
La réalité sans le temps 193
Quand le temps s'arrête 194
Sortir du temps 196

Annexes

Annexe 1 : Œdipe et l'oracle 201
Annexe 2 : Temps et fiction : cinéma et littérature 203
Annexe 3 : Quelques formules fondamentales
    de la mécanique classique 205
Annexe 4 : Théorème H de Boltzmann 207
Annexe 5 : Entropie et information 209
Annexe 6 : Équation de Schrödinger 211
Annexe 7 : Théorie des cordes et supercordes 213
Annexe 8 : Équation de Wheeler-DeWitt 215
Annexe 9 : Espace de Minkowski et transformations
    de Lorentz 217
Annexe 10 : Espace de Hilbert 221
Annexe 11 : L'analyse non standard 223
Annexe 12 : Évolution de la structure d'ordre temporel 225
Index des noms propres 227
Bibliographie indicative et non exhaustive 231
    Sources collectives 240

www.ingramcontent.com/pod-product-compliance
Lightning Source LLC
Chambersburg PA
CBHW050203230526
45470CB00001B/214